岩土工程设计施工优化实践

杨砚宗　　王俊淞　主　编

U0347573

同济大学 出版社
TONGJI UNIVERSITY PRESS
·上海·

内容提要

本书是上海长凯岩土工程有限公司成立 20 周年纪念案例集之一，收录了公司近年来完成的多项岩土工程优化项目，详细介绍了项目的实施情况，通过工程实例阐述了岩土工程概念优化的重要性和岩土工程施工优化的关键措施，最后罗列了施工中常见的问题及处理对策。

本书可供土木工程、岩土工程及相关专业工程技术人员作为参考。

图书在版编目（CIP）数据

岩土工程设计施工优化实践/杨砚宗，王俊淞主编
. -- 上海：同济大学出版社，2023.8
　ISBN 978-7-5765-0891-8

Ⅰ.①岩… Ⅱ.①杨… ②王… Ⅲ.①岩土工程－咨询服务－案例－汇编 Ⅳ.①TU4

中国国家版本馆CIP数据核字（2023）第145669号

岩土工程设计施工优化实践

杨砚宗　王俊淞　主　编

责任编辑　荆　华　　责任校对　徐春莲　　封面设计　张　微

出版发行　同济大学出版社　www.tongjipress.com.cn
　　　　　（地址：上海市四平路1239号　邮编：200092　电话：021-65985622）
经　　销　全国各地新华书店
印　　刷　常熟市华顺印刷有限公司
开　　本　710mm×1000mm　1/16
印　　张　12.75
字　　数　255 000
版　　次　2023年8月第1版
印　　次　2023年8月第1次印刷
书　　号　ISBN 978-7-5765-0891-8
定　　价　68.00元

编 委 会

前　言

2002 年 2 月 9 日，上海长凯岩土工程有限公司在上海市杨浦区市场监督管理局登记成立，从此开启了公司发展的征程。

2022 年是公司成立的第 20 个年头。在这 20 年间，长凯岩土砥砺前行，奋发拼搏，参与了上海环球金融中心、上海中心、上海虹桥综合交通枢纽、中南中心等一系列重大工程，取得了令人振奋的成绩，成长为具有全国影响力的岩土工程专业公司。这些成绩的取得，无不令人欢欣鼓舞。

在为公司过往的成绩骄傲的同时，我们还应该清醒地认识到，现在的市场竞争愈发激烈，对公司技术和管理方面的要求日益提高。我们必须总结过去的经验和教训，创新技术，研发新产品，才能保证公司在市场竞争中占据主动。

值此公司成立 20 年之际，为了促进相关知识的传承与交流，公司技术中心组织对公司参与的重点项目进行梳理，选取部分有代表性的案例进行整理，形成本案例集。

本书中的案例包括设计咨询公司和地下科技公司参与的优化咨询项目和自稳式基坑支护项目。案例均由项目负责人或相关人员编写，整理了过程中遇到的问题和解决办法，总结了项目的经验教训，内容较为翔实，对于初级技术人员有较好的指导意义，对于成熟的技术人员亦有借鉴意义。

本书第 1 章介绍了岩土工程优化咨询概念及意义；第 2 章基础工程概念优化，列举了岩土工程概念优化的几个案例，阐明了对原位参数的理解运用是岩土优化的关键要点；第 3 章桩基后注浆优化，主要介绍了后注浆在基础施工中的关键作用；第 4 章基坑工程优化，介绍了自稳式基坑支护结构的优势和应用；第 5 章介绍了基础工程施工中常见的一些问题和处理措施。

感谢各位为项目完成和案例编写作出贡献的同事。囿于时间和编写组水平有限，书中难免有错漏，请各位同行不吝指教。

谨以本书献给长凯公司，献给关心和带领公司发展的领导，也特别献给顾国荣大师。

编者

2022 年 9 月

目　录

第1章　岩土工程优化咨询概述

　　岩土工程是土木工程的重要分支，是一门涵盖工程地质学、水文地质学、土力学、岩石力学、基础工程和地下工程的综合性学科。岩土工程是一门经验性很强的学科，与混凝土结构和钢结构等其他学科相比，岩土工程材料性质具有显著的不确定性，理论计算也不够精确和完善。土力学创始人太沙基曾经说过"Geotechnology is an art rather than a science"，也就是说"岩土工程与其说是一门科学，不如说是一门艺术"。这样说并不是否认岩土工程的科学性，而是强调岩土工程这门学科具有一定的艺术特性，即岩土工程需要面对千变万化的地质条件和多种多样的岩土特性，需充分考虑设计方案和施工方案的协调性、可行性、经济性，处理办法常因人而异，面对同一个项目，不同的工程师给出的方案可能大相径庭。

　　正是因为岩土工程的这种不确定性，丰富的工程经验和正确的概念设计就显得尤为重要。依托工程经验和正确的概念对项目进行优化咨询，在保证工程质量的前提下，有效地节约工程造价和工期，是一件非常有价值的事情。国家工程勘察大师顾宝和曾经举例，墨西哥城郊区有个基本干涸的 Texcoco 湖，拟将其改造为一个公园，需把大面积的地面挖深成一个湖，按传统方法，需开挖大量土方运出。但主持工程的岩土工程师利用墨西哥软土降水地面沉降的原理，采用井群抽取软土下砂层中的地下水降低水位的办法，将地面降低了 4m。如此不用一台挖土机，不用一台运输车，不运出一方土，现场文明，安安静静，就达到了建造人工湖的目的。这个案例充分展示了工程经验和概念设计的重要性，也是岩土工程艺术性的体现。

　　我国目前实行的勘察、设计、施工三段式的体制是 50 多年前从苏联那里学来的。政府的管理是按勘察、设计和施工来建立机构和制定法律法规的，企业也是按照勘察、设计和施工来建立技术人员的培养和技术职务体系。在这个体制中，勘察是作为提供地质资料的一个阶段，对勘察的要求只是资料正确无误，至于怎么使用这些资料是设计阶段的事。这种割裂也就造成了当前许多结构工程师和岩土工程师互相不了解对方的工作，加上现行的项目负责人终身责任制，不可避免地使得部分项目的设计方案偏于保守。

在市场经济发达的欧美国家，没有将勘察作为一个阶段，岩土事务所和建筑事务所、结构事务所、设备事务所都是平行的设计咨询机构。绝大多数岩土工程师在咨询公司服务，岩土工程的勘察设计一般由咨询公司承担。咨询报告有法律效力，咨询公司负经济责任。报告中勘察数据很详细，但更主要的内容是在工程分析的基础上，提出地基基础设计的具体方案，真正实现勘察设计一体化。在外国咨询公司的体制中，咨询公司如果做得太保守，那就会失去竞争力，因此咨询公司会尽力做出最优的方案。

因此，在国内的现行体制下，借鉴发达国家的岩土工程机制，利用丰富的工程经验、深刻的水土认知和正确的概念设计，对岩土工程项目进行优化咨询是有意义的。

1.1　岩土工程优化咨询概念

岩土工程一体化咨询是国家工程勘察大师顾国荣先生在 20 世纪 90 年代率先提出并长期践行的理念。所谓咨询，就是站在建设方的角度，运用技术、经济、管理等分析手段，对项目提供建设性意见或优化方案，为决策提供科学依据。岩土工程一体化咨询以岩土一体化为主体，以岩土顾问服务为路径，开展专业的、有特色的综合测试和特种施工服务，在充分利用已有资料、经验以及科研成果基础上，解决工程全生命周期中的岩土工程难题，在符合现行规范前提下，直接为客户谋取最大的投资效益、控制工程风险。

1.1.1　岩土工程优化咨询的必要性

岩土工程勘察设计通常存在以下问题。

1）岩土工程勘察报告质量不均

岩土工程勘察是建设工程基础的基础，但岩土工程勘察的重要性往往很多时候并没有得到建设单位应有的重视。当前市场环境、技术水平、质量监控等方面往往存在一定的缺陷，导致岩土工程勘察报告存在种种弊端，主要表现为分析不准确、建议不合理、原始数据存在可疑点等。如果将这样的勘察报告作为设计依据，后果不堪设想。因此，为了控制成本和风险，应直接从源头上抓起，从工程建设的前期介入识别风险点，提出合理化咨询意见。

2）设计人员的素质不齐，经验往往不够丰富

在我国当前的建筑设计管理模式下，基础设计和上部结构设计全部由结构工程师承担，但随着建筑物向更高更大的方向发展，建筑物下的基础也不断向着更深更宽摸索，地基的复杂性和多变性绝不亚于结构，且不同地区的地层千差万别，基础设计不仅仅是简单的公式计算，更需要设计人员的长期工程经验和现场服务意识，因此，在条件许可情况下，结构工程师若能在岩土工程师的协助下共同进行基础设计，则不仅能降低工程风险，更可以达到事半功倍的效果。

3）设计理念往往滞后于工程实践

以桩基础为例，在当前的桩基设计中，桩的作用主要表现在以下三个方面：

（1）桩承担所有上部结构的荷载；

（2）桩承担大部分上部结构的荷载，同时也起到减少沉降的作用；

（3）承担一小部分上部结构的荷载，主要起到控制沉降的作用。

然而，在大部分的设计中，桩基设计只建立在满足承载力的基础上，也即均按第一种情况处理。显然，这种传统的桩基设计方法，对于上述第二、第三种情况来说是过于保守的，并且在设计概念上也不是很清楚。正是由于当前传统的桩基设计方法滞后于工程实践，造成了桩基设计的种种不合理。

4）施工质量管理不到位

建筑物地基基础施工质量至关重要，决定着整个建筑物的安全性。倘若在后期上部结构施工中发现基础质量问题，必然造成重大的损失。因此，在基础施工过程中，岩土工程师根据基础类型，进行针对性的指导，明确施工关键节点，确定关键工艺指标，保证施工质量，是非常必要的。

综上，为了解决这些问题，更加安全经济地实现建设方的意图，进行岩土工程优化咨询是非常必要的。

1.1.2 岩土工程优化咨询的原则

1）规避风险，确保工程安全

风险不能完全消除，但是可以采用一系列的措施，减小、规避和转移风险，从而保证工程项目的安全。工程安全是咨询工作的底线，不论咨询的目的是节省资源还是规避风险，前提条件是方案的实施是安全的。安全包括了工程标的本身的安全，能满足设定的使用功能，并能在设计使用周期内正常使用，有足够的安全储备。

2）节约资源，提高投资效益

岩土工程优化咨询可以显著地节约成本和缩短工期，从而进一步节约项目贷款利息、人员管理成本等，实现投资效益的提高。投资效益的提高是岩土工程一体化咨询价值的重要体现。在实际工作过程中，往往有多种途径可以实现设定的工程功能，同样在岩土工程中，也有多种实现方案，作为岩土工程咨询工程师，应时刻秉持为顾客增值的理念，在确保安全的前提下，优化实现路径，提供更有竞争力的方案，实现投资效益的最大化。

3）满足规范和法律法规要求

法规、规范是社会工作开展的基础和依据，岩土工程咨询工作也必须符合相关法规、规范的要求。目前国内岩土工程方面的法规和规范在不断完善中，尽管仍有诸多技术规范之间的不协调和矛盾，不少工程师和相关从业人员对规范的理解也有出入，但是在执行过程中，仍应严格以现行法规、规范为工作依据。

4）因地制宜，节能环保

岩土工程具有典型的差异性，每个项目具有自身的地层特点和布置差异；岩土工程也具有典型的地域性，各地有合适的处理手段和常用的处理方式。在方案设计时必须综合考虑这些因素，做到因地制宜、就地取材，确保咨询合理，节能环保。

1.2 岩土工程优化咨询内容

1.2.1 基础设计施工优化咨询

基础设计施工优化咨询是指基于工程地质勘察成果与环境条件，通过搜集类似工程性质、地质条件下的建筑物沉降、试桩等资料，经归纳分析、反演计算，提出优化的基础形式及基础施工中对周围环境影响的各种技术防范措施，从而充分发挥基础的承载力潜力，节约基础工程投资，在确保建筑物和周围环境安全的前提下，提高投资效益。主要工作包括以下内容。

（1）参与基础设计方案与试桩方案的技术讨论、论证，并提供优化建议，将桩基础的工程造价控制在合理范围内。

（2）对基础设计中的技术难点提供技术支持：

① 桩基持力层选择并确定桩的类型；

② 提出试桩方案并确定单桩承载力；

③ 基础类型比选；

④ 基础造价分析；

⑤ 基础沉降计算；

⑥ 对基础设计提供合理化建议；

⑦ 协助主体设计单位完成基础施工图，并提供咨询成果报告；

⑧ 对底板设计提供技术支持，确保底板设计技术合理，有效控制造价。

（3）根据设计要求对试桩检测效果整体评价（含施工质量、检测有效性）。

（4）桩基施工阶段技术支持：

① 桩基试桩方案的制订，后期桩基检测方案建议；

② 桩基施工方案的评估，并提供咨询意见；

③ 成桩可行性分析；

④ 桩基施工关键技术质量控制；

⑤ 施工中出现的异常情况及问题的技术支持；

⑥ 基础施工对周围环境的影响及防范措施的设计及建议。

（5）其他服务：

① 在甲方的协调下，与主体设计单位和审图公司进行沟通与交流；

② 对由地基与基础造成的结构变形等影响，提供分析及解决方案等专业技术服务。

1.2.2　基坑设计施工优化咨询

随着地下空间开发规模扩大，地下工程在建筑工程中的地位和造价比重越来越高。基坑围护工程由于是临时性工程，安全储备相对较低，风险较大，因此对其在风险防控和造价控制方面的要求越来越高。基坑设计施工优化咨询根据对基坑风险点及难点的分析，主要围绕基坑围护设计施工及结构竣工这两个阶段展开，针对性地提出具体工作内容，一般包括但不限于以下阶段。

1）基坑围护设计阶段

（1）对基坑围护设计施工图中地下连续墙及支撑体系的含钢量（含栈桥、立柱桩等）提出合理、合规性优化建议，并与设计单位充分沟通及把控，确保优化建议得以实施，控制基坑造价。

（2）必要时协助围护设计单位，参与评审技术支持。

（3）对施工组织方案进行全面审核和把控，包括如下主要专项方案：

① 围护结构施工组织方案；

② 土方开挖施工组织方案；

③ 基坑降水专项设计及施工方案；

④ 支撑拆除施工方案；

⑤ 业主要求的基坑围护其他专项施工方案。

（4）对基坑围护第三方监测方案的合理性进行审核，提出对周边环境影响监控的合理化建议。

2）基坑围护施工阶段

（1）对围护体系施工关键质量节点进行把控，对施工中遇到的岩土工程问题提出合理化建议；

（2）根据不同基坑开挖阶段基坑信息化监测数据进行对比分析，适时、准确评估基坑开挖对周边环境的影响程度；

（3）根据阶段监测、检测结果及工期要求，进一步指导细化土方开挖，确保环境影响在可控范围内及工程在业主预计工期内顺利完成；

（4）对基坑开挖过程中出现的险情进行及时排查分析，并提出合理化建议；

（5）在甲方协调下，指派技术咨询专家与设计施工单位进行沟通和交流，使各方工作思路达成一致；

（6）对由基坑造成的结构变形等影响，提供分析及解决方案建议等专业技术服务；

（7）甲方认为有必要时，参加围护施工期间工程例会。

3）主体结构施工完毕阶段

（1）审核主体结构施工阶段沉降监测方案，提出合理化建议；

（2）对主楼竣工后的沉降监测数据进行分析，评估对正常使用情况的影响。

1.3 岩土工程优化咨询方法

1.3.1 概念设计

千变万化的地质条件和多种多样的岩土特性决定了岩土体计算的精确性受到极大的限制，岩土工程中很难有精确解。规范中的公式中也大多包含了诸多的调整系数，这些调整系数也是岩土工程无法精确计算的佐证。

目前，部分设计人员存在过度依赖计算软件的倾向，软件本身只是一个验算的工具，而输入的数据是由设计人员主观确定的。应当认识到软件不能代替工程师对地基基础基本概念的感悟。如果工程师没有搞清楚计算软件的基本原理，不具备基本的力学功底，对水土性质缺乏准确的认知，那就很有可能会输入错误的信息，得出错误的结论。在岩土工程中，模糊的正确远胜于精确的错误。

从设计优化的角度来看，基础的方向性优化远比计算软件重要。

1.3.2 水土认知

深刻地认识水土性质是实现岩土工程优化的重要条件。前文提到，有的勘察资料存在一定的问题，如何识别岩土参数的可靠性，选择合适的参数进行计算，是优秀的工程师必不可少的能力。

例如，在计算深层土体沉降时，如果忽略土体的应力状态，还是使用常规的 E_{s1-2} 计算就会得到偏大的结果。再例如，原位测试数据差异明显的两种砂层，采用常规的取样手段进行室内试验测出的压缩模量基本接近。

因此，深刻地认识各个参数所体现的岩土性质，利用不同的参数相互印证分析，准确地判断岩土的工程性质，才能对岩土工程作出正确的优化。

1.3.3 工程类比

实际工程的检测、监测数据是非常宝贵的。利用已建类似工程的实测数据，可以推测新建项目的情况。上海勘察设计研究院（集团）有限公司和上海长凯岩土工程有限公司基于工程地质勘察成果与环境条件，通过搜集类似工程性质、地质条件下的建筑物沉降、试桩等资料，经归纳分析、反演计算，形成《上海地区多层住宅沉降控制研究》《上海地区密集群桩沉降计算与承载力研究》《上海地区岩土工程优化设计专家系统的开发研究》等一系列成果，保证了类似项目岩土工程优化咨询的准确性、经济性。

1.3.4 施工管控

再好的设计也需要有良好的施工管理才能落地。除了在设计阶段提出优化方案，一名优秀的岩土工程师还应该有能力在施工阶段做好质量管控工作，能够掌握各类岩土工程施工工艺的关键节点，巡查发现施工过程中的质量隐患，并给出有效的解决方案。

第2章 基础工程概念优化实践

在基础工程中,根据地层特点选择合适的基础形式是一项重要的工作。但是由于岩土工程的复杂性和经验性,有时设计院设计的基础形式虽然符合规范要求,但是可能造价较高,工期较长。抑或由于设备和材料的原因,当地的施工能力不能满足设计要求,延误工期,甚至造成较为严重的工程质量事故。因此,深刻认识当地岩土工程性质,结合当地施工能力和材料等实际情况,灵活运用岩土工程概念设计,对基础工程进行适当的优化,能够在保证安全的前提下,节约工期和造价,取得良好的效益。

2.1 合肥某高层住宅项目

2.1.1 工程概况

项目总用地面积为7.21万 m²,总建筑面积为29.77万 m²。项目包括2幢18层、1幢26层、12幢32～34层、1幢40层和1幢48层高层住宅,1～3层商业建筑及地下1层车库。项目效果图见图2-1。

工程一期高层建筑采用CFG桩复合地基方案,因基础工程造价较高,受建设单位委托,上海长凯岩土工程有限公司对工程二期高层建筑的桩基础设计进行优化咨询。

2.1.2 工程及水文地质情况

根据勘察资料,场地属江淮波状平原。场地地势总体平坦,局部起伏,基本上为西北高东南低,孔口高程为40.27～45.12m,最大相对高差为4.85m。土层指标见表2-1,典型地质剖面见图2-2,典型静力触探曲线见图2-3。从地层剖面和原位测试数据可以看出,④层黏土工程性质良好,且分布均匀,是良好的持力层。

图 2-1　项目效果图

表 2-1　　　　　　　　　　　　场地土层分布情况表

土层序号	土层名称	标贯击数平均值 N（击）	比贯入阻力平均值 p_s（MPa）	地基承载力特征值 f_{ak}（kPa）	桩端极限端阻力标准值（kPa）
①	素填土	—	—	—	—
③	褐色、灰褐色黏土	12.5	3.08	240	—
④	黄褐、黄色黏土	20.0	5.77	280	—
⑤	含粗砂和砾石粉质黏土	26.0	7.46	—	—
⑥	棕红色全风化砂质泥岩	35.0	12.01	—	—
⑦	棕红色强风化泥质砂岩	58	19.46	—	—
⑧	棕红色中风化泥质砂岩	140	—	—	5000

场地地下水类型主要为：

1）上层滞水：主要赋存于素填土中，补给来源主要为大气降水，地下水排泄方式主要为大气蒸发。勘察期间水位埋深为 0.5 ～ 3.0m。水量较小。

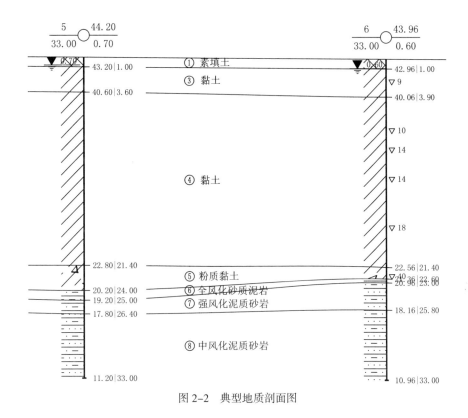

图 2-2　典型地质剖面图

　　2）基岩裂隙承压水：主要为基岩层风化带中的裂隙水，具弱承压性，水量较贫乏，勘察期间水位埋深为 16.5～24.5m。

2.1.3　原基础设计方案

　　项目一期采用 CFG 桩复合地基方案。桩径 400mm，桩长约 14m，桩端持力层为⑦层强风化层，单桩承载力特征值 R_a=800kN。基底地基土为④层黏土，地基承载力特征值为 280kPa，加固后的复合地基承载力特征值为 550kPa。CFG 桩正方形布置，桩间距为 1.6m，采用筏板基础，筏板厚度为 1400mm。

2.1.4　优化咨询方案

2.1.4.1　载荷板试验

　　原设计采用 CFG 桩复合地基方案，设计时地基承载力取值偏低，导致布桩较多，造价较高。根据原勘察资料中提供的标贯击数和静探数据，判断原勘察资

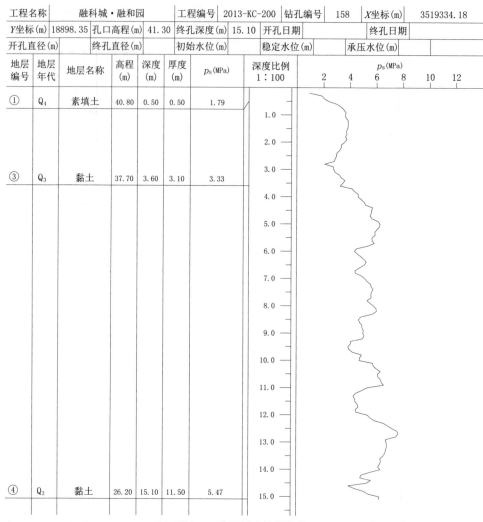

工程名称		融科城·融和园		工程编号		2013-KC-200	钻孔编号		158		X坐标(m)		3519334.18

地层编号	地层年代	地层名称	高程 (m)	深度 (m)	厚度 (m)	p_s(MPa)
①	Q_4	素填土	40.80	0.50	0.50	1.79
③	Q_3	黏土	37.70	3.60	3.10	3.33
④	Q_3	黏土	26.20	15.10	11.50	5.47

图 2-3　典型静力触探曲线

料中提供的地基土承载力偏低，这是因为规范中所采用的载荷板面积偏小，不能充分发挥地基土的承载力。因此建议采用大载荷板进行试验，确定地基土承载力。

针对③层黏土和④层黏土，采用 1.5m×1.5m 大面积载荷板进行浅层载荷板试验确定地基承载力。共进行了 6 组浅层载荷板试验，根据浅层载荷板试验结果，③层黏土的地基承载力特征值 f_{ak}=300kPa，④层黏土的地基承载力特征值 f_{ak}=450kPa。图 2-4、图 2-5 为浅层载荷板试验典型的 p-s 曲线。

针对⑧层中风化泥质砂岩，采用直径 0.8m 的圆形载荷板进行地基承载力测

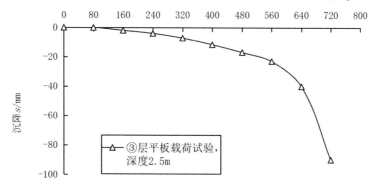

图 2-4　③层平板载荷试验 $p\text{-}s$ 曲线

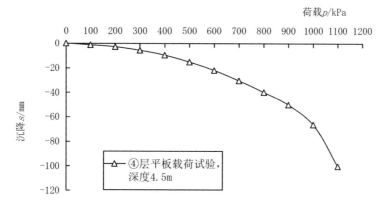

图 2-5　④层平板载荷试验 $p\text{-}s$ 曲线

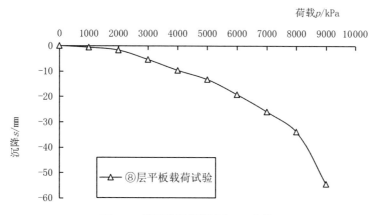

图 2-6　⑧层平板载荷试验 $p\text{-}s$ 曲线

试。共进行了 3 组深层载荷板试验，SZ1 ～ SZ3，根据深层载荷板试验结果求加权平均，建议⑧层中风化泥质砂岩承载力极限值 f_{pk} 取 8000kPa，变形模量 E_0 取 150MPa。图 2-6 为深层载荷板试验典型的 p-s 曲线。

经载荷板试验确定的地基承载力与项目一期的参数对比见表 2-2。

表 2-2   地基承载力对比

土层	地基承载力特征值 / 桩端极限端阻力标准值（kPa）		承载力提高百分比
	一期勘察报告参数	二期原位测试参数	
③层黏土	240	300	25%
④层黏土	280	450	61%
⑧层中风化泥质砂岩	5000	8000	60%

从勘察报告建议参数上来看，和一期项目对比，参数值有了大幅度提高，这些参数对合肥地区的勘察有较大参考价值，也为工程后续的基础咨询和设计提供了依据。

2.1.4.2 基础形式分析

场地③层黏土及④层黏土，土质相对较好，工程 2 层的沿街商业，可采用③层黏土作为天然地基持力层，基础埋深 1.5m 左右，相应地基承载力特征值为 300kPa。

地下车库可采用④层黏土作为天然地基持力层，局部填土层较厚区域可采取换填或柱下设墩基础的方案予以解决。

对于 18 层和 26 层住宅楼，基础埋深 5.0m 左右，基础底面位于④层黏土层，④层黏土的地基承载力特征值可取 450kPa，经深度修正后可取 600kPa，满足上部承载力要求。基础底板厚度可取 900 ～ 1000mm，满足抵抗墙冲切的要求。

对于 34 ～ 40 层建筑物，如果采用天然地基，对主楼结构地基承载力计算时应进行深度修正，修正后④层黏土的地基承载力特征值约为 560kPa，可满足 34 ～ 40 层建筑物承载力要求，但天然地基条件下墙对筏板的冲切力较大，需要通过增大筏板厚度、增加配筋来满足筏板的抗冲切要求，因此，对于 30 ～ 34 层高层建筑而言，天然地基虽然满足设计要求，但并不是最优的选择。可采用复合桩基方案，即仅在墙下布置少量桩基控制沉降，依靠地基土承担大部分建筑物荷载。这样一方面控制了建筑物沉降，另一方面通过墙下布桩减小了墙对筏板的冲切作用，可以减小筏板厚度。

2.1.4.3 桩基持力层分析

⑦层强风化泥质砂岩：该土层分布稳定，较为平整，层顶高程为 17.83～23.81m，揭露层厚 0.30～4.50m，其比贯入阻力 p_s 平均值为 19.46MPa，标准贯入击数平均值 N 为 58 击。该层为 32～40 层高层建筑理想的桩基持力层，其下为土性更好的⑧层中风化泥质砂岩，对沉降控制有利。

⑧层中风化泥质砂岩：标准贯入击数平均值 N 为 140 击，若采用人工挖孔桩，该层土的桩端极限端阻力标准值可取 8000kPa。该层为 48 层高层建筑理想的桩基持力层，可采用人工挖孔桩，桩端一般可进入该层不小于扩底直径的 1 倍。

2.1.4.4 桩型对比

上海长凯岩土工程有限公司作为二期项目岩土咨询顾问，从勘察阶段便介入咨询，通过大尺寸载荷板试验，获取了更真实的岩土参数，与一期勘察报告中参数相比有大幅提高，这为基础方案比选提供了更多的选择。

合肥地区高层建筑常见的桩基形式主要有 CFG 桩、预应力混凝土（PHC）管桩、旋挖桩和人工挖孔桩。桩基的设计施工应按照因地制宜的原则，根据当地地质条件灵活选用，既要保证施工安全，又要有利于质量控制和降低造价。

各种桩型优缺点对比见表 2-3。

表 2-3 　　　　　　　　　　各种桩型优缺点对比

桩型	优点	缺点
CFG 桩	一定程度上能提高承载力，造价相对较低，适用性广泛，施工速度快，对环境影响较小	CFG 桩的施工质量控制十分严格
PHC 管桩	施工周期短，质量稳定可靠，工程适用性强，检测方便，单位承载力造价低	合肥地区土质较好，压桩力较高，要求控制好管桩质量
旋挖桩	动力较强，钻进速度快，适用范围广	旋挖桩费用略高，若采用泥浆护壁，容易污染环境
人工挖孔桩	采用干成孔工艺，孔底易清除干净无沉渣，桩身强度有保证，桩径大，承载力大，适用性较强	人工挖孔桩安全隐患较大，施工过程中应加强质量安全控制

选取典型的 5# 楼（34 层）进行基础选型对比分析，分析各方案的优缺点和经济性，详见表 2-4。

表 2-4 5# 楼三种基础比选方案

基础类型	桩长（m）	持力层	地基承载力/单桩承载力	筏板厚（mm）	优点	缺点
天然基础	—	④层黏土	修正后可取600kPa	1100	施工方便	沉降相对较大，且基础底板较厚，未必经济
φ400CFG桩复合桩基	10.0	④层黏土	600kN	1000	施工较方便	地基土承载力提高有限，抵抗水平和地震荷载方面不如PHC管桩
PHC 500 AB 125 管桩复合桩基	15.0	⑦层强风化泥质砂岩	2300kN	700	通过墙下少量布桩，有利于调节不均匀沉降	—

根据建筑、结构资料，高层基底一般位于④层黏土中，结合浅层载荷板试验结果，对基础及桩基设计建议如下：

（1）对于 32 层和 34 层住宅楼，建议采用 PHC 500 AB 125 管桩复合桩基，单桩承载力特征值约 2300kN，桩长 14～21m，管桩桩端配 30cm 长开口桩靴。场地东部基岩层第⑦层埋深相对较浅，按桩端进入持力层第⑦层强风化泥质砂岩不少于 1.0m 考虑。

（2）对于 40 层住宅楼，可选的基础方案有复合桩基和人工挖孔桩。复合桩基方案采用 PHC AB 600 130 管桩，桩长 14m，管桩桩端配 30cm 长开口桩靴，桩端进入持力层第⑦层强风化泥质砂岩不小于 1.0m，单桩承载力特征值约 2900kN。人工挖孔桩方案建议采用 φ900mm 挖孔桩，底部 0.9m 扩径至 1300mm，桩长 15～18m（考虑到基岩面起伏较大），桩端进入持力层第⑧层中风化泥质砂岩不小于 1.0m，单桩承载力特征值约 6500kN。建议采用复合桩基方案，施工更为简便。

（3）对于 48 层超高层，建议采用 φ1000mm 人工挖孔桩，底部 1.0m 扩径至 1600mm，桩长 17～19m（考虑到基岩面起伏较大），桩端进入持力层第⑧层中风化泥质砂岩不小于 1.6m，单桩承载力特征值约 9000kN。

（4）根据勘察报告，部分住宅楼下地层起伏较大，对于这些楼号，若由地层情况引起的桩长相差为 1m，统一按较长桩长设计；若桩长相差大于 2m，桩长按平均值结合地层情况确定。

2.1.4.5　经济性对比分析

项目一期桩基设计方案如下：

34 层住宅楼，以 4# 楼为例，基础形式为 CFG 桩复合桩基 + 筏板。复合地基桩间土为④层黏土，CFG 桩桩径为 400mm，有效桩长为 14.0m，桩端持力层为⑦层强风化泥质砂岩。基础板厚 1400mm，混凝土强度等级为 C35。

40 层住宅楼（1# 楼），基础形式为钻孔灌注桩 + 筏板。钻孔灌注桩桩径为 600mm，有效桩长为 20.0m，桩端持力层为⑧层中风化泥质砂岩。基础板厚 2000mm，混凝土强度等级为 C40。

我们优化后的项目二期桩基设计方案如下：

34 层住宅楼，以 5# 楼为例，基础形式为 PHC 管桩复合桩基 + 筏板。管桩采用 PHC AB 500 125，桩长 15.0m，桩端持力层为⑦层强风化泥质砂岩。基础板厚 800mm，混凝土强度等级为 C40。

40 层住宅楼（2# 楼），基础形式为 PHC 管桩复合桩基 + 筏板。管桩采用 PHC AB 600 130，桩长 14.0m，桩端持力层为⑦层强风化泥质砂岩。基础板厚 900mm，混凝土强度等级为 C40。

两期工程基础造价对比见表 2-5、表 2-6。

表 2-5　　　　融和园项目一期与二期 34 层住宅楼基础造价对比

融和园项目一期 4# 楼（34 层）				
桩基类型	桩径（m）	桩长（m）	桩数	单价（元 /m³）	桩基造价（万元）
CFG 桩复合桩基	0.40	14.00	232	600.00	24.48
	筏板面积（m²）	筏板厚度（m）	单价（元 /m³）	筏板造价（万元）
	510.00	1.40	1200.00	85.68
	基础总造价（万元）			110.16
	单位面积基础造价（万元 /m²）			0.22
融和园项目二期 5# 楼（34 层）				
桩基类型	桩径（m）	桩长（m）	桩数	单价（元 /m）	桩基造价（万元）
PHC 500 AB 125 管桩复合桩基	0.50	15.00	56	150.00	12.60
	筏板面积（m²）	筏板厚度（m）	单价（元 /m³）	筏板造价（万元）
	470.00	0.80	1200.00	45.12
	基础总造价（万元）			57.72
	单位面积基础造价（万元 /m²）			0.12
节约比例	43.14%	每建筑面积节约基础费用（元 /m²）			30.24

表 2-6　　　　　　　　　融和园项目一期与二期 40 层住宅楼基础造价对比

融和园项目一期 1# 楼（40 层）					
桩基类型	桩径（m）	桩长（m）	桩数	单价（元 /m³）	桩基造价（万元）
钻孔灌注桩	0.60	20.00	215	1200.00	145.82
		筏板面积（m²）	筏板厚度（m）	单价（元 /m³）	筏板造价（万元）
		685.00	2.00	1200.00	164.40
	基础总造价（万元）				310.22
	单位面积基础造价（万元 /m²）				0.45
融和园项目二期 2# 楼（40 层）					
桩基类型	桩径（m）	桩长（m）	桩数	单价（元 /m）	桩基造价（万元）
PHC 600 AB 130 管桩复合桩基	0.60	14.00	88	230.00	28.34
		筏板面积（m²）	筏板厚度（m）	单价（元 /m³）	筏板造价（万元）
		508.00	0.90	1200.00	54.86
	总造价（万元）				83.20
	单位面积造价（万元 /m²）				0.16
节约比例	63.84%	每建筑面积节约费用（元 /m²）			82.85

上述两表选取了一期和二期中较为典型的 34 层和 40 层住宅楼进行基础造价对比分析。分析结果显示，一期 4# 楼和二期 5# 楼，同为 34 层住宅楼，基础面积后者略小，分别为 510m² 和 470m²，基础总造价分别约为 110.16 万元和 57.72 万元，按照单位建筑面积估算的基础造价节省比例达 43.14%。同样的，一期 1# 楼和二期 2# 楼，同为 40 层住宅楼，基础面积分别为 685m² 和 508m²，基础总造价分别约为 310.22 万元和 83.20 万元，按照单位建筑面积估算的基础造价节省比例达 63.84%。

本工程典型住宅楼为 34 层，按较保守的节省比例 40% 考虑，共节约基础造价 1074 万元（不包含采用天然基础的 8#、15#、19# 楼和采用挖孔桩方案的 16# 楼）。

2.1.5　项目实施情况
2.1.5.1　试桩阶段现场服务

项目试桩阶段我们派技术人员驻现场提供设计咨询服务，对施工的关键节点进行把控，对施工过程中的问题进行反馈，监督整改；认真记录沉桩数据，对沉桩结果进行分析。

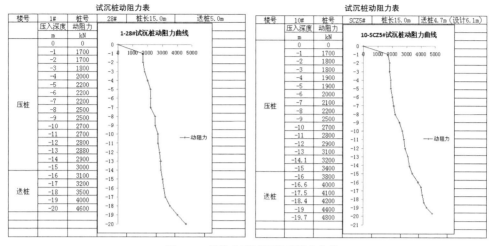

图 2-7 部分典型试沉桩动阻力曲线

通过对 1#、3#、5#、6#、9# 和 10# 楼的现场试沉桩数据整理，绘制试沉桩动阻力曲线，根据压桩动阻力和桩长的相对关系，对工程桩的桩长提出相应调整，将桩长缩短 1.0～2.0m，见图 2-7。

2.1.5.2　工程桩施工阶段现场服务

为加强施工质量控制，更好地达到岩土咨询的效果，避免工程桩压不到设计标高或承载力达不到要求，技术人员在工程桩施工阶段进行了现场咨询服务。根据试桩施工情况，提出工程桩施工要求如下：

（1）要求各楼座工程桩施工时，以标高控制为主，桩长 12～13m，桩顶标高均应达到设计桩顶标高，并超送 5～10cm，且压桩动阻力须不小于 4000kN。如果达到设计标高时压桩力尚不足 4000kN，须超送一定深度直至压桩动阻力达到 4000kN 以上。

（2）压桩机配重控制：压装机的配重不少于 450t，根据此要求装载配重。

（3）材料质量控制：现场对每批次进场桩进行验收，查验出厂合格证、桩身及端板质量以及桩尖的焊接情况。

（4）焊接质量控制：主要关注焊缝饱满程度和冷却时间。

2.1.5.3　检测监测数据

项目一类桩比例达到 100%，项目结束后，共收集到 21 根工程桩的静载检测结果，汇总见表 2-7。单桩承载力均达到了预计承载力特征值。

表 2-7   工程桩静载荷试验结果汇总表

桩径 （mm）	极限值 （kN）	桩数	平均沉降量 （mm）	最大沉降量 （mm）	最小沉降量 （mm）
PHC 500	3900	9	18.44	22.80	13.78
PHC 500	4600	6	19.18	22.00	16.28
PHC 500	5200	6	24.40	28.91	20.77

根据监测数据，34 层的建筑物采用复合桩基，最大沉降量在 20mm 以内，且渐趋稳定，证明刚性桩复合地基方案条件下桩土共同作用已经发挥，各监测点变形数据较为一致，不均匀沉降差较小，可预测长期沉降平稳且满足设计预期值。典型楼栋监测结果见图 2-8。

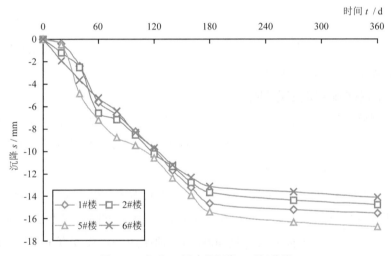

图 2-8 典型 34 层建筑沉降 – 时间曲线

2.1.6 项目总结

利用对原位测试数据的深刻认识，在常规勘察手段的基础上，引入大尺寸载荷板试验，得到了既真实有效又具有说服力的岩土工程参数，完成了对设计具有指导意义的勘察报告。

利用概念设计，在规范允许的范围内，深度挖掘岩土工程潜力，充分利用地基和基础本身的承载力，深入研究桩土共同作用机理，设计出安全经济的桩基方案。

通过施工阶段现场工程师的精细化控制，最终在咨询工作优化了桩数量的基础上，又进一步优化了桩长（将原有 15m 的桩长优化至 12 ～ 13m），节约了近 20% 的造价，减少了截桩造成的资金和工期上的浪费，提高了施工效率。

最终工程使用 PHC 管桩的建筑总建筑面积约 268 600m²，直接节约基础造价约 1200 万元，节约工期 3 个月，取得了优异的技术经济效果。同时这些数据和经验，也为今后合肥地区桩基设计施工提供了宝贵的经验。

2.2　西宁某超高层公寓项目

2.2.1　工程概况

项目由 3 栋超高层公寓（1 栋 100m、29 层，2 栋 150m、45 层）、9 栋高层住宅（5 栋 29 层，4 栋 18 层）、16 栋商铺或社区用房（1 ～ 3 层）组成。本项目设置两层地库。项目效果图见图 2-9。建设单位委托我们对本工程的 3 栋超高层公寓楼的桩基础进行优化咨询。

图 2-9　项目效果图

2.2.2 工程及水文地质情况

2.2.2.1 工程地质情况

项目位于城北区北川河右岸（西岸）Ⅱ级阶地，拟建场地内未发现不良地质作用和地质灾害。场地勘察深度范围内地基土分为 7 层，具体如下。

①层填土：该层成分复杂，在场地内广泛分布，层厚为 0.30～7.50m。

②层湿陷性黄土状粉土：黄褐色，稍湿，松散～稍密。切面无光泽，无摇振反应，干强度低，韧性低。局部含卵石、圆砾颗粒。该层具中等湿陷性，局部湿陷性轻微，湿陷系数平均值 S_δ=0.048，属中压缩性土。该层层厚为 1.20～6.60m，层底深度为 2.50～11.80m。

③层非湿陷性黄土状粉土：黄褐色，局部为灰褐色、灰黑色，稍湿～湿，底部局部饱和，松散～稍密，无光泽反应，有轻微摇振反应，干强度低，韧性低。局部含卵石、圆砾、砂颗粒。该层不具湿陷性，属中压缩性土。该层层厚为 0.50～4.20m，层底深度为 2.50～13.30m。

④层卵石：杂色，湿～饱和，稍密～中密，磨圆度较好，呈亚圆状，骨架颗粒粒径多在 2～8cm 之间，偶见漂石，钻孔揭露最大粒径约 20cm。该层局部混有大量黏性土，钻进较快，钻探过程中普遍有塌孔现象。该层修正后的重型动力触探试验锤击数平均值 $N_{63.5}$=14.5 击。该层层厚为 1.20～4.20m，层底深度为 4.20～16.00m。

⑤层卵石：湿～饱和，中密～密实，磨圆度较好，呈亚圆状，骨架颗粒粒径多在 5～15cm 之间，该层中上部含大量漂石，底部局部颗粒相对较小。钻孔揭露最大粒径约 35cm。钻探过程中塌孔现象严重。该层修正后的重型动力触探试验锤击数平均值 $N_{63.5}$=23.8 击。该层层厚为 3.10～6.40m，层底深度为 8.40～21.20m。

⑥层强风化泥岩：棕红色、浅灰色，饱和；泥质结构，中厚层状构造，主要矿物成分为黏土矿物、石英、长石，原岩的结构、构造大部分被破坏，节理裂隙发育，岩体较破碎，岩芯呈碎块状，手掰易碎，锤击不反弹，偶见石膏颗粒。属中压缩性土。修正后的重型动力触探试验锤击数平均值 $N_{63.5}$=15.9 击。该层层厚为 4.10～7.30m，层底深度为 13.80～26.50m。

⑦层中风化泥岩：棕红色、浅灰色，饱和；泥质结构，层状构造，主要矿物成分为黏土矿物、石英、长石，原岩的结构、构造部分被破坏，节理裂隙较发

图 2-10 典型地质剖面图

育，岩体较完整，岩芯呈大块状、柱状，节长 5 ～ 15cm，最长约 60cm，锤击声哑，不反弹，有凹痕。局部偶见白色石膏颗粒。天然湿度试样单轴抗压强度平均值为 0.96MPa，属极软岩。该层未钻穿，最大揭露厚度为 26.70m，最大钻探深度为 45.00m，钻至最低处的标高为 2226.66m。

场地典型地质剖面见图 2-10。

地勘报告提供的与桩基相关的地基土物理力学参数指标见表 2-8。

波速测试数据见表 2-9。

重型动力触探测试数据（$N_{63.5}$）见表 2-10。

表 2-8   地基土设计计算指标参考值

土层	灌注桩				预制桩	
	泥浆护壁		干作业			
	q_{sik}（kPa）	q_{pk}（kPa）	q_{sik}（kPa）	q_{pk}（kPa）	q_{sik}（kPa）	q_{pk}（kPa）
①填土	−20[30]	—	−20[30]	—	−20[30]	—
②黄土状粉土	−20（68）	—	−20（68）	—	−20（70）	—
③黄土状粉土	62	—	62	—	66	—
④₁细砂夹层	22	—	22	—	24	—
④卵石	140	2000	150	4500	200	8000
⑤卵石	155	2700	160	5500	220	10000
⑥强风化泥岩	100	1200	—	—	—	—
⑦中风化泥岩	140	1800	—	—	—	—

注：1. 当对基底下填土进行有效处理后，桩侧阻力特征值可按表中 [ ] 内的数值采用。（ ）内为自重湿陷性土层预处理后的桩基参数。

2. q_{sik} 为极限承载力标准值，q_{pk} 为极限端阻力标准值。

表 2-9   岩土层的剪切波速值（m/s）

土层 孔号	①层 填土	②层 湿陷性黄 土状粉土	③层 非湿陷性 黄土状粉土	④层 卵石	⑤层 卵石	⑥层 强风化 泥岩	⑦层 中风化 泥岩	等效剪切 波速 V_{se}
18#	116	184	222	345	388	428	551	193.5
25#	116	156	228	310	392	406	531	246.9
53#	128	—	158	193	323	387	503	296.3
56#	102	138	217	333	396	409	537	214.1
82#	104	168	—	278	375	437	555	239.6
86#	129	145	219	306	350	412	544	265.8
102#	121	202	—	306	409	440	547	217.7
108#	139	172	201	227	372	407	529	260
128#	101	158	206	280	386	440	549	242.7
135#	113	178	219	353	390	410	544	220.6
160#	139	149	187	265	368	424	534	269.6
167#	117	180	234	345	405	435	529	233.3
183#	129	186	—	311	401	418	540	286.5
平均值	120	168	209	296	381	419	538	—

表 2-10   重型动力触探测试数据

土层	动力触探实测击数（击）					
	最大值	最小值	平均值	标准差	变异系数	统计频数
①₁杂填土	16	3	8.9	3.83	0.43	146
④卵石	30	7	18.4	5.94	0.32	647
⑤卵石	55	13	33.9	10.62	0.31	702
⑥强风化泥岩	41	8	24.9	8.29	0.33	621

2.2.2.2 水文条件

场地内地下水类型为第四系松散岩类孔隙潜水，主要赋存于场地内的冲洪积卵石层中，其下伏泥岩为相对隔水层。地下水位埋深受地形影响较大，地下水流向与场地地形起伏基本一致，流向为北西至南东。场地内地下水位埋深为 2.60～14.0m，水位标高为 2263.20～2266.58m，水位年变幅约 1.5m，最高时为每年的 7—9 月，最低为每年的 11 月—次年 2 月。

2.2.3 原设计方案

3 栋超高层公寓，筏板底均坐落于④层卵石层上，根据地勘资料，该层地基承载力特征值为 350kPa，经深度修正后，仍不能满足公寓的地基承载力要求。因此，此 3 栋超高层公寓均需采用桩基础。根据试桩图纸，原设计三种试桩桩型详见表 2-11。

表 2-11   原设计试桩参数

桩型	桩径（mm）	桩长（m）	是否注浆	预估承载力特征值（kN）
长螺旋压灌桩	1000	≥ 25	否	5900
		≥ 30	否	7000
钢护筒护壁旋挖灌注桩	1000	≥ 25	是	7600

2.2.4 优化方案

根据我们对原位测试数据和泥岩性质的理解，其原位状态下的承载力远高于室内试验得出的数据。结合类似工程经验，我们对试桩方案进行优化。优化后，试桩桩型见表 2-12。

表 2-12   优化后试桩桩型汇总

桩型	桩径（mm）	桩长（m）	是否注浆	预估承载力特征值（kN）	最大加载量（kN）
长螺旋压灌桩	1000	15	否	8000	20 000
		15	是	9000	24 000
泥浆护壁旋挖灌注桩	1000	18	是	10 000	27 000

优化前后桩长对比见图 2-11。

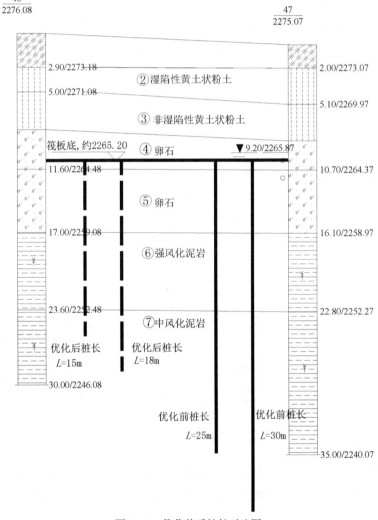

图 2-11 优化前后桩长对比图

优化前后估算工程造价对比见表 2–13。

表 2–13　　　　　　　　　优化前后估算工程造价对比

工法	原设计			优化方案			优化成果估算		
	措施	桩长（m）	承载力特征值（kN）	措施	桩长（m）	承载力特征值（kN）	单桩方量节约	单桩承载力提高	总工程量节约
长螺旋	不注浆	25	5900	不注浆	15	9000	40.00%	52.54%	60.67%
	不注浆	30	7000	注浆	15	10 000	50.00%	42.86%	55.00%
旋挖	钢护筒、注浆	25	7600	泥浆护壁、不注浆	18	9000	28.00%	18.42%	39.20%

注：1. 考虑泥浆护壁与钢护筒注浆费用相抵。
　　2. 考虑单桩注浆费用 3000 元。

最终经各方商定，计划施工 17 根试桩，具体见表 2–14。

表 2–14　　　　　　　　　试桩桩型汇总

施工工艺	桩型	入持力层深度（m）	目标加载量（kN）	数量	合计
长螺旋（卓力 –180，220kW）	有效桩长 15m，不注浆	≥ 1D	20 000	4	12
	有效桩长 15m，注浆	≥ 1D	24 000	4	
	有效桩长 20m，不注浆	≥ 4D	24 000	4	
旋挖（SANY–285）	有效桩长 18m，注浆，泥浆护壁	≥ 4D	27 000	2	5
	有效桩长 18m，不注浆，泥浆护壁	≥ 4D	20 000	1	
	有效桩长 18m，注浆，钢护筒护壁	≥ 4D	27 000	2	

注：D 为桩的直径。

2.2.5　试桩情况

2.2.5.1　试桩参数

要求注浆的试桩，每根桩注 3t 水泥浆，注浆量以纯水泥用量控制。为避免地下水流动影响注浆效果，长螺旋压灌桩和钢护筒护壁旋挖桩注浆时，在第一吨水泥中加入膨润土。泥浆护壁旋挖桩注浆时不需要加膨润土。

采用泥浆护壁时，采用膨润土 + 水泥浆作为稳定液，不需要泥浆循环和清孔。

长螺旋压灌桩钢筋笼需沉放至桩底，确保桩端混凝土密实。

2.2.5.2　试桩施工

实际施工中，15m 长螺旋以桩长控制，20m 长螺旋入岩 4m 后钻进困难，以入岩深度控制。原要求旋挖桩钢护筒采用打拔机施工，但现场未能配备打拔机，实际钢护筒采用旋挖机锤击下放。原设计 17 根试桩，施工过程中 1 根钢护筒旋挖桩（SZX3-5）未成桩，实际成桩 16 根。试桩施工汇总见表 2-15。

表 2-15　　　　　　　　　　试桩施工汇总表

桩型	桩号	现场施工情况		混凝土充盈率	注浆量（t）	终止注浆压力（MPa）
		有效桩长（m）	入持力层深度（m）			
15m 长螺旋桩	SZX1-1	15	1.8	1.29	—	
	SZX2-1	15	1.6	1.28		
	SZX2-2	15	1.9	1.27		
	SZX3-3	15	1.5	1.29		
15m 后注浆长螺旋桩	SZX1-2	15	1.7	1.29	3	3.5
	SZX2-3	15	2	1.28	3	2.6
	SZX1-4	16.5	3.4	1.26	劈裂失败	
	SZX2-4	16.5	3.5	1.25	3.2	3.2
18m 钢护筒旋挖桩	SZX3-1	18.6	2.6	1.26	3	3
18m 泥浆护壁旋挖桩	SZX3-2	18	4.3	1.29	—	
	SZX1-3	18.2	4.2	1.27	3	3
	SZX3-4	18.2	2.9	1.27	3	3
20m 长螺旋桩	SZX4-1	18.5	4	1.2	—	
	SZX4-2	19.5	4.5	1.25		
	SZX4-3	17.5	4.5	1.23		
	SZX4-4	19.5	4	1.28		

2.2.5.3　静载结果

根据工期安排，共进行了 5 根试桩的静载荷检测。检测结果汇总见表 2-16。

表 2-16 中，试桩 2-4 和 2-2 因种种原因，在成孔后未及时成桩，而是用素

表 2-16

施工工艺	桩号	后注浆	桩长（m）	入持力层深度（m）	最大加载量（kN）	最大沉降量（mm）
长螺旋	1-1	—	15	1.8	20000	26.11
	2-2	—	15	1.9	20000	47.03
	3-3	—	15	1.5	20000	20.93
	2-4	3t	16.5	3.5	24000	53.24
泥浆护壁旋挖	3-2	—	18	4.3	20000	15.99

试桩静载统计表

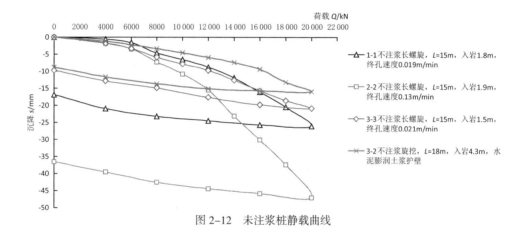

图 2-12　未注浆桩静载曲线

土填埋桩孔，浇筑混凝土前进行复钻，但至桩底时明显钻进速度偏快，这是因为地下水进入桩孔中，将桩底的泥岩浸泡软化。但因钢筋笼均已按 15m 桩长加工好，未复钻至新鲜中风化岩。这两根桩的最终沉降量明显大于其他桩。

　　未进行桩端注浆的各桩静载曲线对比见图 2-12。可见长螺旋压灌桩终孔速度可以直观地反映持力层情况，终孔速度越快，持力层越软，在相同的荷载作用下沉降越大；旋挖桩采用稳定液护壁，水泥浆液可以固化沉渣，并能够渗入卵石层，加固地层，有效提高承载力。

　　注浆长螺旋与未注浆长螺旋静载曲线对比见图 2-13。可见注浆长螺旋桩终孔速度偏快，与终孔速度正常的未注浆长螺旋桩 1-1 和 3-3 对比，沉降仍偏大；但对比终孔速度偏快的未注浆长螺旋桩 2-2，注浆后在相同荷载下的沉降量明显减小，表明注浆对于加固桩底地层起到了明显的作用。

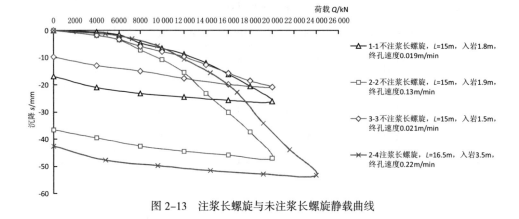

图 2-13　注浆长螺旋与未注浆长螺旋静载曲线

根据检测结果，5根试桩均取得了较为理想的结果。

2.2.5.4　成桩工艺分析

试桩施工过程中，我们技术人员驻现场进行跟踪及技术指导。通过对试桩施工过程的跟踪，总结施工工艺如下。

1）旋挖桩成桩工艺

旋挖桩采用三一285型旋挖机施工。

采用钢护筒护壁工艺施工时，因卵石粒径不均匀，个别卵石粒径过大，导致钢护筒下放时易倾斜，进而导致钢筋笼下放困难，且由于卵石挤压导致钢护筒变形后，护筒拔除难度极大，不可避免地造成钢护筒的损失。因此不建议采用钢护筒护壁工艺施工。

采用稳定液护壁工艺施工时，采用大料斗浇灌混凝土，控制好初灌量，不需要进行泥浆循环和清孔，亦不需要注浆即可达到理想的承载力，施工工艺较为简单。但要求及时补充稳定液中的水泥和膨润土，定期检查稳定液的比重和黏度。稳定液成本与后注浆接近。

2）长螺旋压灌桩成桩工艺

长螺旋压灌桩施工采用卓力180型钻机，动力头功率为220kW，采用带合金弹头的钻头成孔。长螺旋成桩工艺较为简便，且成孔后可立即泵送混凝土，避免沉渣，无需护壁，更易于控制。

2.2.6 工程桩情况

2.2.6.1 咨询建议

根据静载检测结果，长螺旋压灌桩、长螺旋压灌桩加桩端后注浆及泥浆护壁旋挖桩工艺，均能满足设计所需承载力。根据分析，桩端注浆对于长螺旋压灌桩承载力有显著的提升效果，水泥浆加膨润土的稳定液亦可以显著提高旋挖灌注桩承载力。

其中长螺旋压灌桩施工工艺最为简单，管理方便，质量可控，因此，建议工程桩施工采用长螺旋压灌桩工艺，需严格管理施工流程，控制终孔速度，确保桩基承载力满足设计要求。

综上，建议所有桩基均采用直径1m的长螺旋压灌桩工艺施工，不注浆。桩长不小于15m，桩端进入中风化岩层不小于2m，当桩端进入中风化泥岩不小于4m时可以终孔。单桩承载力特征值取9000kN。

2.2.6.2 工程桩设计

工程桩采用直径1m的长螺旋灌注桩，有效桩长约15m，单桩承载力特征值为9000kN，无桩端后注浆。核心筒下采用筏板基础，外柱下采用独立承台。150m超高层公寓筏板厚度为2.4m，100m超高层公寓筏板厚度为1.7m。

2.2.6.3 工程桩施工

工程桩施工前，对工程桩施工提出如下具体控制要求。

（1）长螺旋设备动力头功率不应小于220kW，采用子弹头式钻头，长螺旋钻杆加强，叶片厚度及钻杆壁厚不低于2cm。

（2）要求每台钻机配有标尺；每台机械总包配技术员且监理需旁站。

（3）现场需确保桩身定位满足设计要求，建议场地卵石层以上应保证有不少于50cm厚的压实填土或采用钢护筒定位。

（4）施工过程中详细记录钻进时间、进尺，记录电流情况。

（5）34#、35#、36#桩端持力层为中风化泥岩，桩径为1.0m，桩长不小于15.0m，桩端进入中风化泥岩不小于2D（D为桩径）。当桩端进入持力层不小于4D（D为桩径）且有效桩长不小于10m时可以终孔。

（6）若需引孔，要求引孔深度不得超过终孔深度以上2m，且引孔与终孔间隔时间不宜大于4h，确保终孔时持力层为新鲜中风化泥岩。

（7）严格控制终孔到浇筑混凝土之间的时间，确保混凝土到达现场后再终

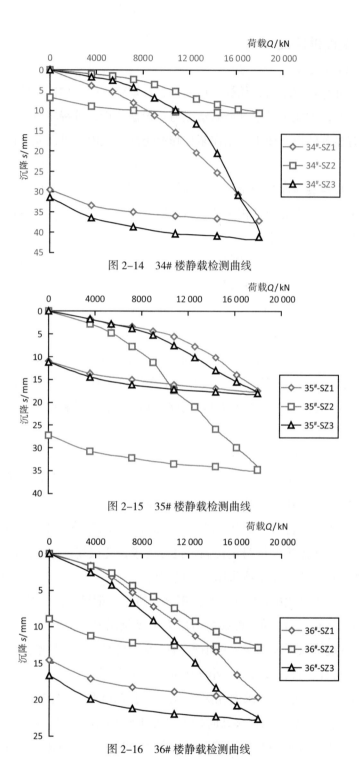

图 2-14   34# 楼静载检测曲线

图 2-15   35# 楼静载检测曲线

图 2-16   36# 楼静载检测曲线

孔，避免间隔时间过长，保证施工的连续性。

（8）提钻速度不大于 1m/min，混凝土泵送速度应与提钻速度匹配，混凝土灌注应保持一定的压力。

（9）浇筑混凝土时，地下水不能流动。

（10）严格控制混凝土坍落度为（200±20）mm 和初凝时间不小于 6h。

（11）混凝土超灌高度不小于 0.5m。

2.2.6.4　工程桩检测

施工完成后，共进行了 9 根工程桩的静载检测，每栋公寓各 3 根，均达到了设计要求。工程桩静载检测曲线见图 2-14—图 2-16。检测结果汇总见表 2-17。

表 2-17　　　　　　　　　　工程桩静载荷试验结果汇总表

极限值（kN）	桩数	平均沉降量（mm）	最大沉降量（mm）	最小沉降量（mm）
18000	9	23.77	41.13	10.46

2.2.7　项目总结

桩基施工工艺的比选也是典型的岩土工程概念优化工作。根据地层特点，选择恰当的桩基施工工艺能够规避很多的风险，便于管控，保证工程桩质量。反之，不重视地层特点，机械地选择不合适的施工工艺，则容易导致管控困难。结果表明，本项目采用长螺旋压灌桩工艺是合理的。

（1）场地内卵石层厚度为 6～8m，长螺旋钻机可以穿透卵石层。

（2）对于泥浆护壁旋挖桩，可采用稳定液替代桩端后注浆，施工简单，效果可靠，但需做好循环利用措施以降低造价。

（3）中风化泥岩浸水软化明显，桩孔浸水 1d 后，承载力明显降低。工程桩施工时应严格控制引孔与终孔间隔时间，若时间过长，要求复钻至新鲜岩层方可灌注。

（4）直接经济效益显著。实际实施的桩基方案与原设计方案 25m 不注浆长螺旋工艺对比，单桩工程量缩减 40%，承载力提高 50%，减少了布桩数量，直接节约工程量达 60%，节约造价 600 万元以上。

（5）工期节约量可观。长螺旋入中风化岩 4m 后进尺极缓慢，钻头磨损严重，原方案入岩超过 10m，施工难度极大。15m 长螺旋施工时间为 2～3h，18m 长螺旋施工时间为 4～6h，可以预计，25m 长螺旋施工时间会超过 12h，除施工困难外，必然还会导致桩孔侧壁浸水时间过长，影响成桩质量。优化后在保证承载力的前提下，大大降低了施工难度，节约了大量工期和施工措施费用。

（6）截止到2022年5月，3栋公寓均已封顶。34#楼150m高，主体最大沉降量为28.22mm，最小沉降量为26.34mm；35#楼150m高，主体最大沉降量为30.20mm，最小沉降量为27.78mm；36#楼100m高，主体最大沉降量为19.67mm，最小沉降量为18.49mm。总体沉降较为均匀，沉降量较小，优化咨询成果理想。

2.3 西宁某高层住宅项目

2.3.1 工程概况

项目总用地面积约为70 968.21m²。总建筑面积为215 813.00m²，包括7栋27层住宅楼、3栋18层住宅楼、12栋3层联排别墅、2～3层幼儿园、2层沿街商业楼及地下车库。项目总平面图见图2-17。除注明区域内6栋主楼采用天然地基外，其余建筑均采用桩基础。

2020年12月30日基础方案论证会召开，确定桩基施工采用长螺旋压灌桩工艺。

根据设计单位提供的试桩图，现场于2021年3月7日至3月12日进行了11根试桩的施工工作，施工过程中遇到一些困难。建设单位委托我们对本工程的桩基工程提供咨询。

2.3.2 工程及水文地质情况

2.3.2.1 工程地质情况

项目位于城北区北川河右岸（西岸）Ⅱ级阶地，拟建场地内未发现不良地质作用和地质灾害。场地勘察深度范围内地基土分为7层，具体如下。

①层填土：土质不均匀，以粉土为主，含建筑垃圾、细砂及卵石颗粒等，稍湿，稍密，厚度为0.50～11.20m，层面高程为2271.31～2280.28m。

②层湿陷性黄土状粉土：埋深为0.50～9.80m，厚度为0.50～7.80m，层面高程为2268.64～2278.48m。土质较均匀，稍湿，稍密。该层在场地东侧30～50m范围缺失。

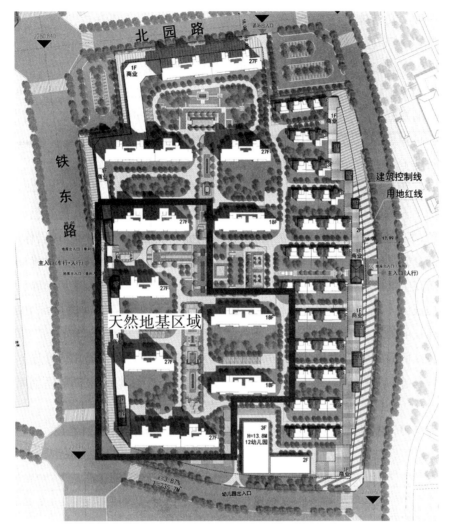

图 2-17 项目总平面图

③层非湿陷性黄土状粉土：埋深为 2.50～10.40m，厚度为 0.40～5.20m，层面高程为 2267.33～2273.57m。褐黄色，土质较均匀，稍湿～饱和，稍密。该层在场地东侧 30～50m 范围缺失。

④层卵石：埋深为 2.90～13.70m，厚度为 0.00～11.30m，层面高程为 2264.53～2273.07m。成分以石英岩、花岗岩、变质砂岩等为主，磨圆度较好，以圆形～亚圆形为主，粒径以 2.0～8.0cm 为主，最大 15cm，偶含漂石，骨架颗粒含量占全重的 50%～60%，充填物以砾砂为主，含少量粉土，卵石颗粒呈中风化，

级配一般，交错排列，中密～密实。

⑤层强风化泥岩：埋深为 6.20 ～ 18.90m，厚度为 2.40 ～ 4.60m，层面高程为 2259.42 ～ 2266.89m。褐红～青灰色，块状结构，层状构造，泥质胶结，矿物成分以黏土矿物为主，岩体破碎，微裂隙及风化裂隙很发育，干时坚硬，遇水扰动或长期暴露在空气中极易软化，扰动后易破碎，锤击声哑，无回弹，手可捏碎，浸水后可捏成团，岩芯呈短柱状，RQD（岩石质量指标：每次进尺 ≥ 10cm 岩芯累计长度）为 20 ～ 40，岩体基本质量等级为 V 级。

⑥层中风化泥岩：埋深为 9.80 ～ 22.10m，厚度大，本次最大揭露厚度为 22.10m（未钻透），层面高程为 2255.82 ～ 2263.69m。地层描述：褐红色，局部青灰色，块状结构，层状构造，泥质胶结，矿物成分以黏土矿物为主，成岩作用差，原岩部分破坏，岩体较破碎，微裂隙及风化裂隙发育，干时坚硬，遇水扰动或长期暴露在空气中极易软化，扰动后易破碎，锤击声哑，无回弹，手可捏碎，浸水后可捏成团，岩芯呈柱状～短柱状，RQD（岩石质量指标：每次进尺 ≥ 10cm 岩芯累计长度）为 30 ～ 55，岩体基本质量等级为 V 级。

总体而言，场地呈西高东低的态势。根据调查，场地内曾经作为沙场，卵石层被开采过，卵石层较不均匀。中风化泥岩层亦有起伏。场地典型地质剖面见图 2-18。

地勘报告提供的与桩基相关的地基土物理力学参数指标见表 2-18。

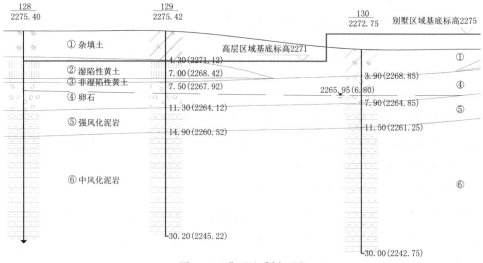

图 2-18　典型地质剖面图

表 2-18　　　　　　　　　地基土设计计算指标参考值

土层	极限侧阻力标准值 q_{sik}（kPa）	极限端阻力标准值 q_{pk}（kPa）	负摩阻力特征值（kPa）
①杂填土	—	—	10
②湿陷性黄土状粉土	—	—	15
③非湿陷性黄土状粉土	60	—	—
④卵石	140	4000	—
⑤强风化泥岩	80	1600	—
⑥中风化泥岩	120	3000	—

波速测试数据见表 2-19。

表 2-19　　　　　　　　　土层剪切波速统计表（m/s）

土层	①杂填土	②湿陷性黄土状粉土	③非湿陷性黄土状粉土	④卵石	⑤强风化泥岩	⑥中风化泥岩
最大值	149	211	220	483	500	544
最小值	105	159	182	407	471	501
平均值	122.9	185.5	202.6	452.9	488.2	518.4

标贯数据见表 2-20。

表 2-20　　　　　　　　　标贯锤击数据统计表

土层	统计指标	统计个数	最大值	最小值	平均值	标准差	变异系数
①杂填土	实测锤击数 N	14	9	6	6.5	0.941	0.145
	修正锤击数 N'	14	8.2	5.3	6	0.852	0.142
②湿陷性黄土状粉土	实测锤击数 N	19	9	6	8.3	0.872	0.106
	修正锤击数 N'	19	8.3	5.5	7.5	0.767	102
③非湿陷性黄土状粉土	实测锤击数 N	12	8	6	6.2	0.577	0.094
	修正锤击数 N'	12	6.6	4.8	5.1	0.501	0.098
⑤强风化泥岩	实测锤击数 N	37	44	38	40.9	1.738	0.072
	修正锤击数 N'	37	36	27.9	31.2	2.175	0.07

2.3.2.2　水文条件

场地钻孔中均揭露一层地下水，类型属孔隙潜水，非湿陷性黄土状粉土和卵石层为主要含水层。地下水埋深为 4.00～12.40m，水位高程为 2264.81～2271.25m。地下水与北川河水存在水力联系，为场地地下水补给北川河水，受地形控制，地下水流向整体为西—东。场地地下水受丰水期、枯水期季节性变化升降水影响明显，地下水年内变化幅度为 1.5m。

2.3.3　咨询介入前试桩情况

2.3.3.1　试桩设计

根据设计单位试桩论证会汇报材料，原设计主楼和车库两种试桩桩型详见表 2-21。

表 2-21　　　　　　　　　原设计试桩参数

桩型	桩径（mm）	桩长（m）	入中风化泥岩深度（m）	是否注浆	预估承载力特征值（kN）
长螺旋压灌桩	800	≥18	≥6	否	2600
	800	≥15	≥4	否	2150

2020 年 12 月组织试桩论证会，与会专家根据邻近 3# 地的经验，建议减小入中风化泥岩深度，提高试桩承载力。

2021 年 1 月，设计单位根据试桩论证会意见出具试桩图。计划施工 20 根试桩，根据场地位置、场地卵石层厚度等因素将其分为 4 组，每组 5 根，均采用长螺旋压灌桩工艺，无后注浆。具体见表 2-22。

表 2-22　　　　　　　　　试桩图试桩参数

类型	桩径（mm）	桩长（m）	入岩深度	预估承载力极限值（kN）
A	800	～15	桩端进入中风化泥岩≥1m	9800
B	800	～12	桩端进入中风化泥岩≥1m	7000
C	600	～8	桩端进入强风化泥岩≥2m	4700
D	800	～12	桩端进入中风化泥岩≥1m	8000

2.3.3.2 试桩施工

现场于 2021 年 3 月 7 日至 3 月 12 日进行了 11 根试桩的施工工作，采用长螺旋压灌桩工艺，但大部分桩超钻较多。

（1）桩径 800mm 的灌注桩，原要求桩端进入中风化泥岩 1m，现场通过钻进速度判断，普遍超钻 5～8m，持力层强度与预期有出入。

（2）桩径 600mm 的灌注桩，原要求桩端进入强风化泥岩 2m，现场通过返出的岩样判断，超钻 2～3m。

如此，若按照 3# 地的停钻标准来控制，会导致桩基工程量大大增加，延长施工工期，增加造价。

2.3.4 咨询建议

2.3.4.1 进行补勘

针对试桩超钻情况，推测场地内中风化泥岩强度较弱，强风化泥岩与中风化泥岩强度无显著差异。根据地勘资料，强风化泥岩与中风化泥岩波速较为接近，见表 2-19。

为进一步查明地层情况，建议现场进行补勘，采用重力触探手段查明岩层的性质。

现场于 2021 年 3 月 13 日至 3 月 21 日进行了补勘作业，补勘结果见表 2-23。

根据补勘结果可以看出，中风化泥岩强度较不均匀，最小击数 10 击左右，最大击数 50 击左右，平均 28.6 击，其强度随深度变化无规律。

综合各测试结果分析，场地内中风化泥岩强度较弱，与强风化泥岩强度无明显区别。综合考虑，中风化泥岩可以作为持力层，但设计时建议按保守考虑，即统一按照强风化岩参数进行设计，需适当加深进入中风化泥岩层的长度，增大侧阻。

2.3.4.2 试桩建议

根据计算和类似工程案例经验，建议直径 800mm 的工程桩以入强风化泥岩 8m 控制桩长，直径 600mm 的工程桩以入强风化泥岩 3m 控制桩长。

结合现场实际情况，我们与设计单位进行充分的沟通后，选择场地内卵石层较薄的区域进行试桩，检验最不利情况下桩基的承载力。具体见表 2-24。

表 2-23　　　　　　　　　　　　　　　　补勘结果

序号	勘探点编号	试验段深度（m）	重型动力触探 $N_{63.5}$（击）	土层编号	土层名称
1	BK1	11.60～11.70	27	⑤	强风化泥岩
2		13.60～13.70	39		
3	BK1	16.00～16.10	35	⑥	中风化泥岩
4		16.10～16.20	42		
5		16.20～16.30	47		
6	BK4	14.00～14.10	37		
7		14.10～14.20	23		
8		14.20～14.30	35		
9		16.00～16.10	19		
10		16.10～16.20	25		
11		16.20～16.30	28		
12		19.00～19.10	45		
13		19.10～19.15	28		
14	BK5	13.6～13.7	29		
15		13.7～13.75	21		
16		18.0～18.10	44		
17		20～20.1	21		
18		20.1～20.2	29		
19		20.2～20.3	27		
20		22.0～22.1	10		
21		22.1～22.2	10		
22		22.2～22.3	16		

表 2-24　　　　　　　　　　　咨询建议试桩参数

类别	桩径（mm）	桩号	理论桩长（m）	入岩深度	预估承载力特征值（kN）	试验加载量（kN）
A（住宅楼区域）	800	1	16.67	入中风化泥岩 8m	4000 ～ 4500	12 000
		2	19.24			
		3	18.44			
B（别墅区域）	800	1	14.07	入中风化泥岩 8m	3500 ～ 4000	12 000
		2	13.83			
		3	13.76			
C（别墅区域）	600	1	9.07	入强风化泥岩 3m	2000 ～ 2500	6000
		2	8.83			
		3	8.76			

2.3.5　试桩情况

2.3.5.1　试桩施工

2021 年 3 月 23 日至 3 月 24 日，现场完成了 9 根试桩。因场地标高高于试桩设计桩顶标高，故实际成桩长度较长，成桩后随即挖土做试桩桩头，试桩桩顶基本按设计标高处理。具体见表 2-25。

表 2-25　　　　　　　　　　　试桩统计表

序号	桩位编号	施工日期	有效桩长（m）	实际桩长（m）	充盈系数
1	A1	2021-03-23	16.67	17.50	1.25
2	A2	2021-03-23	19.24	20.50	1.36
3	A3	2021-03-23	18.44	19.50	1.32
4	B1	2021-03-24	14.07	15.90	1.25
5	B2	2021-03-24	13.83	16.00	1.25
6	B3	2021-03-24	13.76	15.50	1.29
7	C1	2021-03-24	9.07	10.50	1.3
8	C2	2021-03-24	8.83	11.00	1.3
9	C3	2021-03-24	8.76	10.50	1.3

试桩平均成孔时间为 20 ～ 40min，在强风化泥岩与中风化泥岩中钻进时，长螺旋钻机电流无明显变化，由此可印证中风化泥岩与强风化泥岩无明显界限，与补勘情况基本相符。

2.3.5.2 静载结果

根据工期安排，共进行了 8 根试桩的静载荷检测。检测结果汇总见表 2-26。

表 2-26　　　　　　　　　　　　　试桩静载统计表

类别	桩径（mm）	桩号	最大加载量（kN）	最大沉降量（mm）	单桩承载力极限值（kN）	单桩承载力极限平均值（kN）
C（别墅区域）	600	1	6000	60.92	5161	4681
		2	5400	61.00	4683	
		3	4800	60.13	4200	
B（别墅区域）	800	1	10 800	61.74	9317	9069
		2	9600	62.59	8110	
		3	12 000	62.80	9780	
A（住宅楼区域）	800	1	12 000	56.15	10 563	11 281
		3	12 000	22.30	12 000	

静载检测荷载 – 沉降（Q-s）曲线见图 2-19—图 2-21。

根据检测结果，可以看出 B 组、C 组试桩沉降量均超过 40mm，且没有反弹，可见场地条件不够理想，中风化泥岩层较软弱，卵石层厚度差异大，试桩承载力虽然能够满足设计要求，但富余量不大，与相邻的 3# 地块相差较大。

2.3.6 工程桩情况

2.3.6.1 咨询建议

场地浅层存在填土和湿陷性黄土，需要考虑其负摩阻力。建议工程桩采用长螺旋压灌桩成桩工艺，无后注浆，设计时以入岩深度控制桩长。直径 600mm 的桩，入强风化泥岩 3m，可用于承担上部荷载的单桩承载力特征值取 2000kN。直径 800mm 的桩，入强风化泥岩 8m，可用于承担上部荷载的单桩承载力特征值取 4100kN。

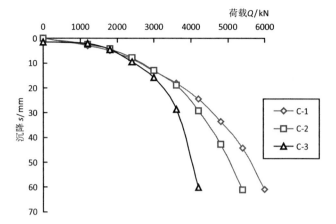

图 2-19　C 组试桩静载检测曲线

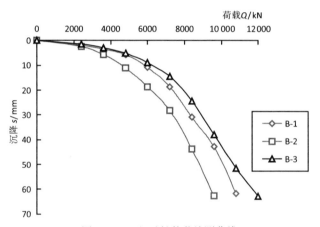

图 2-20　B 组试桩静载检测曲线

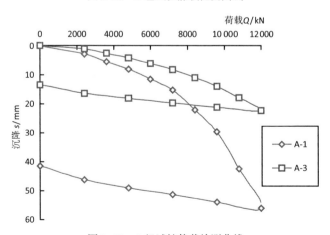

图 2-21　A 组试桩静载检测曲线

2.3.6.2 工程桩设计

工程桩设计时以入岩深度控制桩长，高层和别墅根据楼栋中风化泥岩面埋深最深的勘察点确定桩长，地下车库以主楼为界划分区域，以区域内中风化泥岩面埋深最深的勘察点确定桩长。工程桩承载力取值见表 2-27。

表 2-27　　　　　　　　工程桩设计汇总表

建筑物类别	桩径（mm）	入持力层深度	承载力特征值（kN）	静载加载量（kN）
高层	800	入强风化泥岩面≥ 8m	4000	8900
二层地下地库	800	入强风化泥岩面≥ 8m	4000	8000
洋房、商墅	600	入强风化泥岩面≥ 3m	2000	4600

2.3.6.3 工程桩检测结果

项目结束后，共收集到 48 根工程桩的检测结果，工程桩静载检测汇总见表 2-28。

表 2-28　　　　　　　　工程桩静载荷试验结果汇总表

桩径（mm）	极限值（kN）	桩数	平均沉降量（mm）	最大沉降量（mm）	最小沉降量（mm）
800	7000	3	24.95	30.88	18.78
600	4600	33	23.25	33.88	13.73
800	8900	12	25.53	38.28	14.88

2.3.7　项目总结

本工程与第二节所述 3# 地项目相距很近，但是地层差异较为明显，若不分析地层性质差异，完全照搬 3# 地施工经验，会导致工程桩过长、工期延长、造价增加等问题。因此，以原位测试数据为依据，准确判断岩土特性，确定合适的桩基入岩深度，是岩土工程概念优化的一项重要工作。本项目总结经验如下。

1）重视原位测试数据

1# 地与前述 3# 地项目相距不足 1km，且地勘报告描述地层接近，但试桩和实际施工时，钻机钻进速度差异非常大，3# 地项目钻入中风化泥岩后进尺非常缓慢，而 1# 地项目钻入中风化泥岩后无明显变化。究其原因，泥岩在取样时较容易受到扰动，且遇水软化，故原位测试参数更具有代表性。

2）小直径长螺旋钻机在大粒径卵石中施工较为困难

小直径长螺旋钻机因其螺杆叶片间距较小，卵石粒径较大时易卡钻，难以将卵石旋出地面，且其螺杆较薄，抵抗扭曲能力弱，易损坏。在卵石层粒径较大时，需提醒各方此风险，建议增加叶片和钻杆厚度，加大叶片间距，焊死钻头活门，以减少钻头损坏。

3）工作量节约可观

与2020年12月份基础论证会中设计单位所提桩基方案相比，原设计主楼桩长约18m的直径800mm的长螺旋桩，单桩承载力特征值仅2600kN，车库桩长约15m的直径800mm的长螺旋桩，单桩承载力特征值仅2150kN。现实际工程桩桩长与原设计接近，但承载力特征值达到4000kN，由此估算节约造价约890万元。另外，通过提供单桩承载力，减少了桩数约900根，从而节约了大量的施工时间。

2.4 新沂某高层住宅项目

2.4.1 工程概况

本工程共有10栋27层、4栋26层、2栋23层、1栋18层、3栋17层及1栋7层住宅，总建筑面积约23.8万 m²。项目效果图如图2-22所示。

图2-22 项目效果图

项目采用预制桩基础，因前期施工时大量工程桩压不到设计标高，建设单位委托我们对本工程的高层建筑的桩基础设计进行优化咨询。

2.4.2 工程及水文地质情况

2.4.2.1 工程地质情况

根据勘察资料，项目场地在地貌上属沂沭低山丘陵地貌单元。场地孔口标高在 27.56～29.36m 之间，整体地势较平坦。

本场地勘察深度范围内，地基土自上而下可分为 8 个工程地质层 1 个亚层。上部为新近沉积土，3 层及以下为第四纪晚更新世（Q_3）沉积的土层。各层土自上而下描述如下：

① 杂填土：杂色，松散，潮湿、土质不均匀，主要由黏土及建筑垃圾近期回填而成，含植物根系；全区分布。

② 黏土：灰黄色夹褐黄色，可塑，有光泽，无摇振反应，干强度高，韧性高，含少量铁锰结核，底部夹中细砂薄层；全区分布。

③ 黏土：灰黄色夹褐黄色，硬塑，有光泽，无摇振反应，干强度高，韧性高，含少量铁锰结核，局部夹中细砂薄层；全区分布。

④ 中粗砂：灰黄色—棕红色，饱和，中密～密实，主要成分为石英，长石等，次棱角—次圆状，底部夹砂质黏土薄层，层理特征不明显，颗粒级配一般，含云母碎屑；全区分布。

⑤ 黏土：灰黄色，硬塑，有光泽，无摇振反应，干强度高，韧性高，混砂，含铁锰结核及钙质结核；局部分布。

⑥ 中粗砂：灰黄色，饱和，密实，主要成分为石英、长石等，次棱角—次圆状，局部夹黏土，层理特征不明显，颗粒级配差，含云母碎屑；全区分布。

⑥$_A$ 黏土：灰黄色，硬塑，有光泽，无摇振反应，干强度高，韧性高，混砂，含铁锰结核及钙质结核；局部分布；

⑦ 黏土：灰黄色，硬塑，有光泽，无摇振反应，干强度高，韧性高，混砂，含铁锰结核及钙质结核；局部分布。

⑧ 中粗砂：灰黄色，饱和，密实，主要成分为石英、长石等，次棱角—次圆状，局部夹黏土，层理特征不明显，颗粒级配差，含云母碎屑；全区分布；本次勘察未揭穿。典型地质剖面见图 2-23。

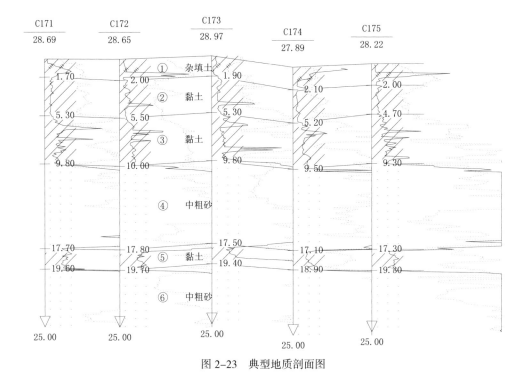

图 2-23 典型地质剖面图

与桩基相关的地基土物理力学参数指标见表 2-29。

表 2-29　　　　　　　　　　地基土设计计算指标参考值

土层编号	土层名称	预制桩		钻孔灌注桩		抗拔系数 λ
		极限侧阻力标准值 q_{sik}（kPa）	极限端阻力标准值 q_{pk}（kPa）	极限侧阻力标准值 q_{sik}（kPa）	极限端阻力标准值 q_{pk}（kPa）	
①	黏土	55	—	52	—	0.74
②	黏土	80	—	76	—	0.78
③	中粗砂	88	5000	85	1000	0.62
④	黏土	85	3500	82	1100	0.78
⑥	中粗砂	105	5800（9＜L≤16m）6800（16＜L≤30m）	100	1300（10≤L＜15m）1800（15＜L＜30m）	0.62
⑥ₐ	黏土	85	—	82	—	0.78

土层编号	土层名称	预制桩		钻孔灌注桩		抗拔系数 λ
		极限侧阻力标准值 q_{sik}（kPa）	极限端阻力标准值 q_{pk}（kPa）	极限侧阻力标准值 q_{sik}（kPa）	极限端阻力标准值 q_{pk}（kPa）	
⑦	黏土	85	5000	82	1400	0.78
⑧	中粗砂	110	8000	105	1800	0.62

原位测试数据见表 2-30。

表 2-30　　　　　　　　　　原位测试数据汇总表

土层	标贯击数平均值 N（击）	标贯击数标准值 N（击）（已经杆长修正）	静探指标	
			双桥	
			锥尖阻力 q_c（MPa）	侧壁摩阻力 f_s（kPa）
②	—	—	1.357	64
③	—	—	3.429	127
④	56.0	41.8	30.815	222
⑥	—	—	4.822	161
⑥A	66.4	43.5	37.942	306
⑦	—	—	7.130	141
⑧	—	—	7.937	233
②	79.0	41.0	41.581	310

2.4.2.2　水文条件

本场地地下水类型主要为上层滞水及微承压水。上层滞水赋存于上部杂填土及②层黏土裂隙中，勘察期间上层滞水初见水位埋深在自然地面下 3.6～5.3m（标高约 24.09m），稳定水位埋深为 3.8～5.5m（标高约 23.88m），其主要补给源为大气降水垂直补给，主要排泄方式为地表径流和蒸发，地下水位随季节不同有升降变化，近 3～5 年最高水位约 1.0m，历史最高地下水位约 1.0m，水位变化幅度约 3.0m。微承压水主要赋存于④层、⑤层、⑦层砂土中，其补给方式主要为侧向含水层补给。钻探期间砂土承压水头标高约 23.50m。

2.4.3 原基础设计方案

桩基原设计方案为采用钻孔灌注桩和预制方桩，桩基详细信息如表 2-31 所示。

表 2-31   原设计可选桩型表

桩型	桩长（m）	桩径（mm）	单桩承载力（kN）	布桩方式	桩间距（mm）
灌注桩	21	800	2650	墙下	≥ 3.0D
	27	600	2500	墙下	≥ 3.0D
方桩	23	450	2550	墙下	≥ 3.5D
	20	500	2600	墙下	≥ 3.5D
	20	400	1950	满堂	≥ 4.0D
	20	450	2250	满堂	≥ 4.0D

注：D 为桩的直径。

2.4.4 优化咨询方案

根据详勘报告可知，④层中粗砂，中低压缩性，平均标贯击数为 39.4 击，q_c=31.0MPa，工程地质条件较好，分布稳定，均匀，故可作为本项目工程桩的持力层。建议采用 500mm×500mm 预应力实心方桩，桩身混凝土标号为 C60，并增加 0.5m 长 HW350×350×12×19 型钢桩尖，单桩承载力特征值目标值为 2600kN，压桩动阻力按照 7000kN 控制。

优化后估算造价见表 2-32。

表 2-32   优化后方案造价估算

楼号	实际桩数	实际桩长（m）	桩长（m）	预制桩型号	预制桩单价（元/m）	总费用（万元）
1	86	8.0	9.0	YRS-500C	400	30.96
2	86	8.0	9.0	YRS-500C	400	30.96
3	86	8.0	9.0	YRS-500C	400	30.96
4	86	8.0	9.0	YRS-500C	400	30.96

楼号	实际桩数	实际桩长（m）	桩长（m）	预制桩型号	预制桩单价（元/m）	总费用（万元）
5	86	8.0	9.0	YRS-500C	400	30.96
6	86	8.0	9.0	YRS-500C	400	30.96
7	112	8.0	9.0	YRS-500C	400	40.32
8	82	7.0	8.0	YRS-500C	400	26.24
9	145	8.0	9.0	YRS-500C	400	52.20
10	71	8.0	9.0	YRS-500C	400	25.56
11	137	8.0	9.0	YRS-500C	400	49.32
12	121	8.0	9.0	YRS-500C	400	43.56
13	81	7.0	8.0	YRS-500C	400	25.92
14	113	7.0	8.0	YRS-500C	400	36.16
15	81	7.0	8.0	YRS-500C	400	25.92
16	113	8.0	9.0	YRS-500C	400	40.68
费用合计（万元）						551.64

注：采用增加 1m 桩长费用考虑 0.5m 长型钢桩尖费用。

2.4.5 试桩情况

2.4.5.1 预制桩试桩要求

工程桩试桩时，根据预制钢筋混凝土方桩（国家建筑标准设计图集04G361）选用合适的工艺及机械（建议抱压沉桩，最大压桩力为 10 000kN），施工过程中严格控制施工质量，并遵守以下要求：

（1）压桩前清理建筑垃圾。

（2）试桩休止期为 25d。

（3）堆载边（压重平台支墩边）距离试桩中心不小于 2m，堆载下方铺设垫板，减小堆载对土体的扰动。

（4）压桩动阻力不小于 7000kN。

（5）压桩机就位后应精确定位，采用线锤对点时，锤尖距离放样点不宜大于 10mm。

（6）沉桩工艺试验完成后应提供下列信息资料：

①压桩全过程记录，包括桩不同入土深度时的压桩力、压桩力曲线等；

②桩身混凝土经抱压后完整性的检查检测资料；

③压桩机整体运行情况；

④桩接头形式及接头施工记录。

（7）静压法施工沉桩速度不宜大于 2m/min。

（8）抱压式液压压桩机压桩作业应符合下列规定：

①压桩机应安装能满足最大压桩力要求的配重；

②当机上吊机在进行吊桩续桩时，压桩机严禁行走和调整；

③压桩过程中应经常注意观察桩身混凝土的完整性，一旦发现桩身裂缝或掉角，应立即停机，找出原因，采取改进措施后方可再施压；

④遇有夹持机具打滑、压桩机下陷或浮机时，应暂停压桩作业，采取处理措施。

（9）焊接接桩：钢板宜采用低碳钢，焊条宜采用 E43；并应符合现行行业标准《建筑钢结构焊接技术规程》JGJ 81 的要求。

2.4.5.2　试桩施工

优化方案试桩设置 6 根 500mm×500mm 试桩，2020 年 6 月 21 日完成试桩施工，我们全程旁站指导试桩施工，各试桩汇总见表 2-33。

表 2-33　　　　　　　　　　试桩施工汇总表

编号	参考孔标号	总桩长（m）	有效桩长（m）	入持力层深度（m）	最大压桩动阻力（kN）	目标承载力特征值（kN）
SZ1	J91	11.3	6.2	1.67	6920	
SZ2	J80	10.2	5.5	1.80	6500	
SZ3	C39	10.8	5.6	1.70	6700	2600
SZ4	C107	12.0	7.1	2.50	6500	
SZ5	J241	11.2	6.2	1.50	6510	
SZ6	J269	11.5	6.3	1.90	6700	

2.4.5.3　试桩静载检测结果

试桩静载检测曲线见图 2-24。

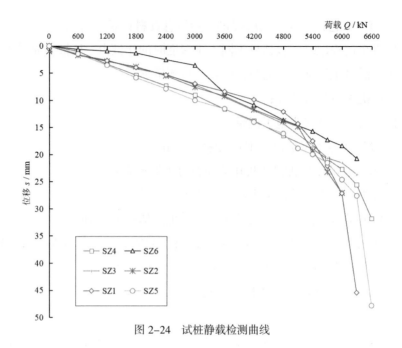

图 2-24 试桩静载检测曲线

6 根试桩检测结果汇总见表 2-34。

表 2-34   试桩静载荷试验结果汇总表

试桩桩号	桩径（mm）	最大加载（kN）	桩顶最大沉降（mm）	承载力特征值（kN）
SZ1	500×500	6300	20.12	3000
SZ2	500×500	6000	19.05	≥ 3000
SZ3	500×500	6300	23.65	≥ 3150
SZ4	500×500	6600	31.78	≥ 3300
SZ5	500×500	6600	47.84	3150
SZ6	500×500	6300	20.74	≥ 3150

根据检测结果，6 根试桩均达到了设计要求，且桩身均未产生破损。

2.4.6 工程桩情况

2.4.6.1 工程桩设计

主体结构设计院根据试桩结果，扣除基坑开挖范围空孔段侧阻力，并考虑到本工程的重要性及便于大范围铺开施工后工程桩成桩质量的把控，设计单桩抗压承载力特征值调整为 2750kN。

2.4.6.2 工程桩施工

针对现场工程桩施工，提供了相应建议：

1）沿长轴线单向施打，避免出现单根桩上浮量叠加效应。

2）增加力杆，检测临桩隆起高度。

3）达到最大压桩动阻力后应复压 3 次，每次间隔 2 ～ 3min（每次都是松掉再做）。

4）送桩后，工程桩顶距离地面须不小于 2.5m，抱压机行走时应避免出现陷机、扭机情况，否则易出现工程桩断桩的情况。

5）角桩可考虑超送 5cm，边桩超送 10cm，中桩 20cm。

6）注意钢桩尖焊接，钢桩尖起到嵌固作用。

2.4.7 项目总结

对地层原位测试参数的深刻认识是岩土工程概念设计优化的重要依据。如果不能正确认识地层特性，可能会出现大范围压桩不到位的情况，造成成本和工期的浪费。本工程取得以下经验：

（1）④层中粗砂，原位测试静探结果显示其 q_c 为 30MPa，是极好的工程桩持力层，根据工程桩施工数据统计，绝大多数桩桩端可进入该层 1.0 ～ 2.0m。

（2）预制桩压桩动阻力控制方面，根据计算，本项目最大压桩动阻力 / 单桩承载力极限值的比值约为 1.05，即砂层中最大压桩动阻力约等于其最终单桩承载力极限值，基本无恢复系数。

第 3 章　桩基后注浆优化实践

本章主要介绍后注浆工艺在基础工程施工中的应用。灌注桩施工过程中，不可避免地会产生泥皮和沉渣，桩周泥皮会阻碍桩身与桩周土的结合，降低摩擦系数，同样降低桩侧摩阻力；沉渣强度远远低于持力层强度，会导致桩端阻力减小，最终导致桩基承载力大大降低。桩端后注浆在高压作用下，浆液沿桩土界面上返，通过渗透、填充、胶结综合作用对桩周泥土置换和填充空隙，在桩周形成脉状结合体，使桩侧摩擦阻力大幅度提高；同时浆液也对桩底沉渣进行了有效的加固，从而改善持力层受力状态和荷载传递性能，大大提高灌注桩的承载力。

3.1　龙岩某高层住宅项目

3.1.1　工程概况

项目总用地面积为 128 804m²，总建筑面积为 379 138m²，计容建筑面积 270 485m²，由 25 栋（1～25#）高层（18～27 层）及 18 栋（26～43#）多层（1～6 层）建筑组成。项目效果图见图 3-1。建设单位委托我们对本工程的高层建筑的桩基础进行优化咨询。

3.1.2　工程及水文地质情况

3.1.2.1　工程地质情况

根据勘察资料，场地属丘陵斜坡堆积地貌。拟建场地原为山坡地，孔口高程介于 416.13～443.86m 之间，场地高差很大，最大高差约 27.70m。场区岩土层自上而下分布如下：

① 夯实填土：褐黄色，稍密，稍湿。主要由碎、砾石及黏性土回填而成，为就近场地平整中的残坡积黏性土或风化岩回填而成，回填时间半年或 3～5

图 3-1　项目效果图

年不等，进行了分层夯实处理。该层主要在场地南侧及中部区域，揭露厚度为 0.50～30.00m。

①₁ 素填土：褐黄色，松散—稍密，稍湿。主要由强风化碎石及黏性土回填而成，为就近场地平整中的残坡积黏性土或风化岩回填而成，回填时间半年或 3～5 年不等，该层按 0.50～0.80m 分层压实，但未分层强夯处理，仅面层强夯，整体仍呈欠固结状态。该层主要在北侧高层区域，层厚为 0.50～30.30m。

①₂ 杂填土：褐黄色，黑褐色，松散—稍密，稍湿。主要混凝土块及黏性土等建筑垃圾回填而成，回填时间 5～10 年，未经分层压实，整体仍呈欠固结状态。该层主要在场地东南角区域，层厚为 0.80～7.30m。

② 粉质黏土：褐黄色、褐红色，可塑—硬塑，以可塑为主，湿。以黏粉粒为主，局部夹有少量角砾。该层主要在场地南侧多层区域，揭露厚度为 0.60～6.20m。

③ 泥岩残积黏性土：褐黄色，可塑—硬塑，以可塑为主，湿。成分以黏粉粒为主，黏性一般。略见残余结构，该层主要分布在场地南侧多层区域，揭露厚度为 0.90 ～ 17.70m。标准贯入试验实测击数为 10.0 ～ 28.0 击。

④ 砂土状强风化泥岩：褐黄色。散体状构造，矿物成分以黏土矿物为主，风化裂隙极发育，岩芯呈砂土状夹少量碎块状，岩体极破碎，浸水易软化，属极软岩，岩体基本质量等级为 V 级。揭露厚度 4.00 ～ 7.50m。标准贯入试验实测击数为 33.0 ～ 78.0 击。

⑤₁ 碎块状强风化泥岩：灰白色、褐红色、褐黄色。泥质结构，碎裂状构造。风化裂隙发育，岩芯呈块状，块径 2 ～ 8cm，岩体极破碎，RQD=0，锤击声哑易击碎，泡水易软化，属软岩，岩体基本质量等级为 V 级。揭露厚度为 0.50 ～ 64.23m。

⑤₂ 碎块状强风化炭质粉砂岩：灰黑色。粉细粒结构，碎裂状构造。风化裂隙较发育，岩芯呈碎块状，少量短柱状，块径 2 ～ 9cm，岩体较破碎，RQD=0，锤击声哑易击碎，属软岩，岩体基本质量等级为 V 级。揭露厚度为 0.80 ～ 53.50m。

⑤₃ 碎块状强风化砂岩：青灰色、灰绿色。粗粒砂状结构，碎裂状构造。风化裂隙较发育，岩芯呈碎块状，块径 3 ～ 8cm，少量短柱状，RQD=0，岩体较破碎，锤击声哑易击碎，为较软岩，岩体基本质量等级为 IV 级。揭露厚度为 0.50 ～ 9.10m。

⑥₂ 中风化炭质粉砂岩：灰黑色。粉细粒结构，中厚层状构造。风化裂隙较不发育，岩芯呈柱状，柱长 5.3 ～ 30.2cm，RQD=63.5 ～ 67.3，较完整，锤击声不清脆，无回弹且易击碎，属较软岩，岩体基本质量等级为 IV 级。揭露厚度为 1.94 ～ 64.34m。

⑥₃ 中风化砂岩：青灰色、灰绿色。粗粒砂状结构，中厚层状构造。风化裂隙较不发育，岩芯呈柱状，柱长 5.6 ～ 40.8cm，RQD=60.1 ～ 65.2，较完整，锤击声较清脆有轻微回弹，属较硬岩，岩体基本质量等级为 III 级。揭露厚度为 2.40 ～ 17.60m，均未揭穿。

总体上场地岩面起伏较大，高层区域，部分楼栋处基岩裸露，没有填土，部分楼栋处填土厚度达到 35m。典型地质剖面见图 3-2。

与桩基相关的地基土物理力学参数指标见表 3-1。

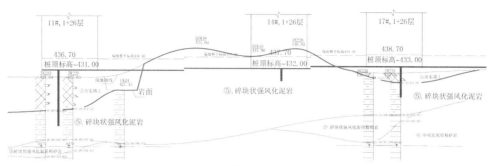

图 3-2 典型地质剖面图

表 3-1 地基土设计计算指标参考值

| 序号 | 土层名称 | 重度（kN/m³） | 冲（钻）孔灌注桩 | | | 点荷载强度 I_s（MPa） |
			极限侧摩阻力标准值 q_{sik}（kPa）	极限端阻力标准值 q_{pk}（kPa）	负摩阻力系数	
①	夯实填土	17.5	25.0	—	—	—
①₁	素填土	16.5	20.0	—	0.25	—
①₂	杂填土	16.5	20.0	—	0.25	—
②	粉质黏土	18.9	25.0	—	—	—
②₁	含角砾碎石粉质黏土	19.0	40.0	—	—	—
③	泥岩残积黏性土	19.5	35.0	—	—	—
④	砂土状强风化泥岩	20.0	85.0	2500	—	—
⑤₁	碎块状强风化泥岩	22.5	110.0	4500	—	6.60
⑤₂	碎块状强风化炭质粉砂岩	23.0	110.0	4500	—	11.85
⑤₃	碎块状强风化砂岩	24.0	110.0	4500	—	16.45
⑥₂	中风化炭质粉砂岩	25.0	130.0	8000	—	—
⑥₃	中风化砂岩	26.0	130.0	10 000	—	—

原位测试数据见表 3-2。

表 3-2 　　　　岩土层的剪切波速值和岩土的类型

土层名称	岩土层剪切波速值（m/s）	岩土的类型
①夯实填土	181	中软土
①₁素填土	135	软弱土
①₂杂填土	147	软弱土
②粉质黏土	259	中硬土
②₁含角砾碎石粉质黏土	299	中硬土
③泥岩残积黏性土	278	中硬土
④砂土状强风化泥岩	419	中硬土
⑤₁碎块状强风化泥岩	548	软质岩石
⑤₂碎块状强风化炭质粉砂岩	585	软质岩石
⑤₃碎块状强风化砂岩	658	软质岩石
⑥₂中风化炭质粉砂岩	818	岩石
⑥₃中风化砂岩	1080	岩石

3.1.2.2　水文条件

场地地下水主要是赋存于基岩风化裂隙中的裂隙水，属孔隙潜水，含水层的透水性差，弱富水，大气降水及地表水为其主要补给源。勘探期间测得稳定水位埋深为 24.64 ～ 30.04m，基本位于桩端以下，对于桩基施工影响较小，近 3 ～ 5 年坡地地段年变化幅度为 3.0 ～ 5.0m。

3.1.3　原设计方案

原设计方案见表 3-3。

表 3-3 　　　　　　　　　　　原设计方案

按最有利 0m 回填土计算					按最不利 35m 回填土计算			
桩径（mm）	桩长（m）	承载力特征值（kN）	方量（m³）	单根桩造价（元）	桩长（m）	承载力特征值（kN）	方量（m³）	单根桩造价（元）
1200	20	5500	22.61	31 651	67	5500	75.74	106 031
1000	20	4700	15.70	21 980	67	4700	52.60	73 633
800	20	3700	10.05	14 067	67	3700	33.66	47 125

注：桩基综合造价按 1400 元 /m³ 估算。

原设计方案采用旋挖灌注桩，以碎块状强风化岩层为持力层。桩径 1.2m 时，单桩承载力特征值取 5500kN；桩径 1m 时，单桩承载力特征值取 4700kN。对于基岩裸露区域，要求桩端入岩层 20m；对于有填土区域，考虑填土的负摩阻力后，要求桩端入岩层 32m。原设计方案无桩端后注浆。因地下水位埋深在桩端以下，旋挖桩采用干成孔施工工艺。

3.1.4 优化方案

根据原位测试数据，碎块状强风化泥岩工程性质较好。根据类似经验，桩端进入该层 8m 左右即可。项目采用干成孔工艺，虽然不存在桩侧泥皮，但是因旋挖工艺所限，桩端沉渣难以清除干净，为消除沉渣影响，提高承载力，建议采用桩端后注浆工艺。

优化后将桩径统一取至 1000mm，入岩深度统一取至 8m。通过桩端后注浆加固，每根桩注浆 5t，单桩竖向承载力特征值不低于 5500kN。桩径和桩端入持力层深度的统一便于施工管理，且可以减少试桩数量。

以单栋建筑物进行分析，与原方案经济性对比见表 3-4、表 3-5。可见优化后虽然增加了一定的注浆费用，但是桩长、桩径都进行了优化，在保证承载力不变的前提下，大量地节约了桩基工程的方量，同时桩长的优化也使得一桩一勘的工作量大量减少。除直接节约工程量外，还可大大节约工期。

表 3-4　　　　　　　　最有利情况下（0 m 回填土）经济性对比

方案	桩径（mm）	桩长（m）	承载力特征值（kN）	单桩方量（m³）	桩数	桩基造价（万元）	勘察造价（万元）	注浆单价（万元/根）	注浆费用（万元）	总价（万元）
原方案	1200	20	5500	22.6	53	167.75	22.26	—	—	190.01
优化方案	1000	8	5500	6.3	53	46.60	14.628	0.5	26.5	87.73
优化目标效果									节约造价	102.29
									节约比例	53.8%

注：桩基综合造价按 1400 元 /m³ 估算，一桩一勘费用按 120 元 /m 估算。

表 3-5　　　　　最不利情况下（35m 回填土）经济性对比

方案	桩径（mm）	桩长（m）	承载力特征值（kN）	单桩方量（m³）	桩数	桩基造价（万元）	勘察造价（万元）	注浆单价（万元/根）	注浆费用（万元）	总价（万元）
原方案	1200	67	5500	75.7	53	561.97	52.15	——	——	614.12
优化方案	1000	43	5500	33.8	53	250.46	36.89	0.5	26.5	313.85
优化目标效果									节约造价	300.27
									节约比例	48.9%

注：桩基综合造价按 1400 元 /m³ 估算，一桩一勘费用按 120 元 /m 估算。

3.1.5　试桩情况

3.1.5.1　试桩参数

为检验深厚填土情况下桩端以下有无采空区分布，检验旋挖施工干成孔质量、桩端后注浆施工工艺及质量，确定深厚填土区桩基承载力，设计单位指定在填土较厚区域进行试桩。

试桩参数为桩径 1000mm，进入碎块状强风化岩 8m，混凝土等级为 C45，采用后注浆工艺，每根桩注纯水泥 5t，水灰比为 0.55。采用二次注浆，第一次注 3t 水泥，第二次注 2t 水泥，注浆时间间隔 2h。每根试桩布置 2 根注浆管。试桩采用静载荷试验确定承载力，最大加载量为 22 000kN。

勘察单位于 2019 年 5 月 18 日进场进行超前钻施工，5 月 21 日完成 3 根试桩的超前钻。超前钻未发现采空区。根据超前钻结果，理论试桩桩长见表 3-6。

表 3-6　　　　　　　　理论试桩桩长

桩号	H1（216#）	H2（217#）	H3（210#）
钻孔深度（m）	81.88	82.81	82.63
覆土层厚度（m）	29.80	30.90	33.30
理论试桩长度（m）	37.80	38.90	41.30

3.1.5.2　试桩施工

试桩过程中，技术人员全程旁站指导试桩施工。5 月 23 日，H3（210#）号试桩施工完成，施工桩长 41.74m（设计要求 41.30m），入岩深度为 8.24m

（设计要求 8.0m）；H2（217#）号试桩施工完成，施工桩长 39.33m（设计要求 38.90m），入岩深度为 8.49m（设计要求 8.0m）。5 月 24 日，H1（216#）号试桩施工完成，施工桩长 38.78m（设计要求 37.8m），入岩深度为 8.89m（设计要求 8.0m）。各试桩汇总见表 3-7。

表 3-7　　　　　　　　　　试桩施工汇总表

桩号	H1（216#）	H2（217#）	H3（210#）
钻孔深度（m）	81.88	82.81	82.63
覆土层厚度（m）	29.80	30.90	33.30
实际试桩长度（m）	38.78	39.33	41.74
入岩深度（m）	8.89	8.49	8.24
浇筑完成时间	5 月 24 日 12：50	5 月 23 日 20：05	5 月 23 日 15：40

3.1.5.3　后注浆施工

5 月 31 日进行桩端后注浆。每根桩均注水泥 5t。注浆统计见表 3-8。

表 3-8　　　　　　　　　　试桩注浆统计表

注浆阶段	桩号	注浆量（t）	终止压力（MPa）
第一次注浆	H3（210#）	3	3
	H2（217#）	3	3.5
	H1（216#）	3	4
第二次注浆	H3（210#）	2	3.5
	H2（217#）	2	4
	H1（216#）	2	4.5

3.1.5.4　静载结果

6 月 26 日开始进行静载检测。静载荷试验采用慢速法加载，最大加载量 22 000kN，分 11 级加载，第一次加载 4000kN，以后每级加载 2000kN。

H3（210#）号试桩自 6 月 26 日 12：00 起开始加载，最后一级 22 000kN 于 6 月 27 日 20：20 左右加载结束，总沉降量 34.90mm。静载检测曲线见图 3-3。

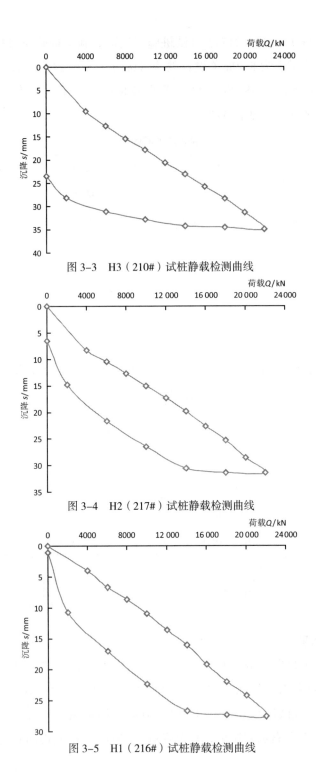

图 3-3　H3（210#）试桩静载检测曲线

图 3-4　H2（217#）试桩静载检测曲线

图 3-5　H1（216#）试桩静载检测曲线

H2（217#）号试桩自 7 月 1 日 14：00 起开始加载，最后一级 22 000kN 于 7 月 2 日 20：00 左右加载结束，总沉降量 31.41mm。静载检测曲线见图 3-4。

H1（216#）号试桩自 7 月 4 日 18：00 起开始加载，最后一级 22 000kN 于 7 月 6 日 1：00 左右加载结束，总沉降量 27.60mm。静载检测曲线见图 3-5。

三根试桩检测结果汇总见表 3-9。

表 3-9   试桩静载荷试验结果汇总表

试桩编号	最大加载量（kN）	最大沉降量（mm）	残余沉降量（mm）
H1（216#）		27.60	1.06
H2（217#）	22 000	31.41	6.49
H3（210#）		34.90	23.50

根据检测结果，三根试桩均达到了设计要求，且桩身均未产生破损。从静载检测曲线可以看出，桩头总体沉降量很小，均在 4cm 以下，其中，桩身自身压缩量约 1cm。在最大加载量 22 000kN 加载时，曲线未出现陡降。这表明在最大加载量加载时，尚未达到极限状态。

3.1.6 工程桩情况

3.1.6.1 咨询建议

根据试桩结果，从荷载 - 沉降（Q-s）及 s-lgt 曲线可看出三根试桩在最大荷载作用下未达到极限承载状态，故三根试桩的单桩竖向抗压极限承载力均取最大试验荷载值 22 000kN。

根据《建筑桩基技术规范》（JGJ 94-2008）5.4.3，桩周土沉降可能引起桩侧负摩阻力时，端承桩应满足式。

式中，R_a 只计中性点以下部分侧阻值及端阻值。

根据《建筑桩基技术规范》（JGJ 94-2008）表 5.4.4-2，桩端位于基岩时，中性点深度比取 1.0，即，岩层以上的填土均考虑负摩阻力。

由此，填土越厚，R_a 越小，越为不利。三根试桩中，填土最厚的为 H3（210#）号试桩，故对 H3（210#）号试桩进行计算。

根据桩基施工记录，H3（210#）号试桩填土厚度为 33.5m。根据勘察资料，填土重度 γ=16.5kN/m³，q_{sik}=20kPa。则填土部分侧摩阻力

Q_{sk}=3.14×1×20×33.5=2104kN。

则 R_a=（22 000−2104）/2−2104=7844kN。

综上，建议所有桩基均采用直径 1m 的干成孔旋挖灌注桩，结合桩端后注浆，以碎块状强风化岩作为持力层，桩端进入持力层 8m，桩基承载力特征值取7000kN。

项目召开专家会议，确定单桩承载力取值。根据试桩成果，建议能够承担上部结构荷载的单桩承载力特征值取值根据填土厚度确定为 5000kN ～ 7000kN，填土厚处取低值，填土薄处取高值。

3.1.6.2 工程桩设计

工程桩采用直径 1m 的旋挖灌注桩，以碎块状强风化岩层作为持力层，桩端进入持力层 8m，采用桩端后注浆。考虑到不同厚度填土的负摩阻力，工程桩承载力取值见表 3−10。

表 3−10　　　　　　　　　工程桩设计汇总表

覆土厚度 t（m）	单桩承载力特征值（kN）（承担上部荷载）	单桩承载力特征值（kN）	静载加载量（kN）
0＜t≤5	7000	7000	14 000
5＜t≤12	6500	8500	17 000
12＜t≤20	6000		
20＜t≤27	5500	9500	19 000
27＜t≤35	5000		

3.1.6.3 工程桩施工

结合施工施工情况及设计要求，对工程桩施工提出以下要求。

（1）每根桩采用 3 根 DN25 镀锌管作为注浆管，导管应连接牢固或密封，采用螺纹丝扣连接，为确保丝扣连接的牢固和承压能力，管壁厚应≥ 3.2mm。注浆器应具备逆止功能。

（2）填土厚度小于 5m 时，每根桩注水泥 3t；填土厚度在 5 ～ 15m 时，每根桩注水泥 4t；填土厚度大于 15m 时，每根桩注水泥 5t。分两次等量间歇注浆。第二次注浆距第一次注浆间隔建议 2h。

（3）注浆采用 42.5 级普通硅酸盐水泥，浆液水灰比取 0.55，注浆流量控制

$30 \sim 40L/min$。

后注浆的终止条件如下：

（1）以注浆量控制为主，注浆量达到设计值即可终止。

（2）注浆量少于设计值，但不低于设计值的75%，注浆压力超过4.0MPa，且稳定$3 \sim 10min$，否则应采取补浆措施。

3.1.6.4　工程桩检测结果

项目结束后，共收集到86根工程桩的检测结果，工程桩静载检测汇总见表3-11。

表3-11　　　　　　　　工程桩静载荷试验结果汇总表

极限值（kN）	桩数	平均沉降量（mm）	最大沉降量（mm）	最小沉降量（mm）
14 000	16	7.14	13.89	3.83
17 000	30	10.57	17.14	4.19
19 000	39	14.21	18.95	7.39

总体而言，后注浆工艺的可靠度极高，工程桩在19 000kN的荷载下，最大沉降量仅18.95mm，远未达到50mm的极限沉降量，表明桩基承载力仍有较大余量。

3.1.7　项目总结

（1）碎块状强风化泥岩可以作为工程桩持力层，桩端进入该层$8 \sim 10$倍桩径即可；

（2）工程桩检测数据证明后注浆的可靠度很高，即使只有1根注浆管能够注浆，也可以满足承载力要求，但应格外重视注浆量和注浆压力；

（3）优化效果显著，节约项目桩基直接成本超30%，累计超2000万元，且节约大量工期。

3.2　武汉某超高层公寓项目

3.2.1　工程概况

项目拟建两栋超高层住宅，建筑面积约8万㎡。住宅地上75层，地下三层，高249m。项目效果图见图3-6。

图 3-6 武汉万达中央文化区 K2 地块项目效果图

3.2.2 工程及水文地质情况

3.2.2.1 工程地质情况

拟建场地除表层分布有厚度不一的杂填土层（Q^{ml}）外，其下依次主要可见第四系全新统冲积成因的黏性土层（Q_4^{al}）、第四系更新统冲洪积成因的黏性土层（Q_3^{al+pl}），下伏基岩为志留系（S_2）泥岩、泥灰岩。各层特征如下：

①杂填土：杂色，结构松散，主要由黏性土夹杂煤渣、碎石、砖块、混凝土块、生活垃圾等组成，局部地段有老基础。全场地均有分布，属高压缩性土。

②粉质黏土：灰褐色—黄褐色，可塑状态，含氧化铁及少量铁锰质结核，切面平整，稍有光泽，韧性中等，干强度中等，土质不均匀。场地内部分分布。属中压缩性土。

③粉质黏土：黄褐—褐黄色，含氧化铁、铁锰质结核及少量团块状、条带

状灰白色高岭土，局部可偏硬塑，偶夹少量碎石，干强度高，土质不均匀。分两个亚层：

③₁ 粉质黏土：黄褐—褐黄色，硬塑—坚硬状态，含氧化铁、铁锰质结核及少量团块状、条带状灰白色高岭土，局部可偏硬塑，偶夹少量碎石，切面光滑，韧性高，干强度高，土质不均匀。全场地均有分布。属低压缩性土。

③₂ 粉质黏土：黄褐—褐黄色，可塑状态，含氧化铁、铁锰质结核及少量团块状、条带状灰白色高岭土，局部可偏硬塑，偶夹少量碎石，切面光滑，韧性高，干强度高，土质不均匀。场地内局部有分布。属中压缩性土。

④ 粉质黏土：根据其特征该层分两个亚层：

④₁ 粉质黏土夹粉细砂：褐黄—褐黄色，可塑—密实状态，含氧化铁及铁锰质。粉质黏土呈可—软塑状，局部夹少量中密状薄层粉土、稍密状粉砂，局部夹次棱角状砾石，含量 10% ～ 25%，土质不均匀。场地内局部有分布。属中等偏高压缩性土。

④₂ 粉质黏土：黄灰色，可塑状态，碎块状，土质不均，由泥岩风化形成。场地内局部有分布。属中等偏高压缩性土。

⑤ 泥岩：根据其特征不同可分三个亚层：

⑤₁ 强风化泥岩：草黄—青灰色，强风化状态，泥质结构，层状构造，岩石风化呈泥土状、碎块状，遇水易软化崩解，夹少量中风化碎块，属极破碎岩体，为极软岩。全场地均有分布。属低等缩性土；

⑤₂ 中风化泥岩：灰黑—青灰色，中风化状态，泥质结构，层状构造，岩芯多呈 10 ～ 40cm 长短柱状，少量碎块状，岩芯取芯率 70% ～ 80%，RQD 约 70，属较破碎岩体，软岩，岩体基本质量等级为 V 级。全场地均有分布。属不可压缩性土；

⑤₂ₐ 中风化泥岩破碎带：草黄—青灰色，中风化破碎带状态，泥质结构，层状构造，岩芯呈碎块状或碎片土为主，局部短柱状，夹中风化碎块等，节长 5 ～ 12cm，岩芯取芯率 60%，RQD 约为 40 ～ 50，属极破碎岩体，极软岩，岩体基本质量等级为 V 类。场内较大范围分布。属低压缩性土。

⑥ 中风化泥灰岩：青灰色—灰白色，中风化状态，岩芯中夹方解石脉，强度高于泥岩，离散分布于泥岩层中。场内零星分布。属不可压缩性土。

典型剖面图及相关参数见图 3-7。

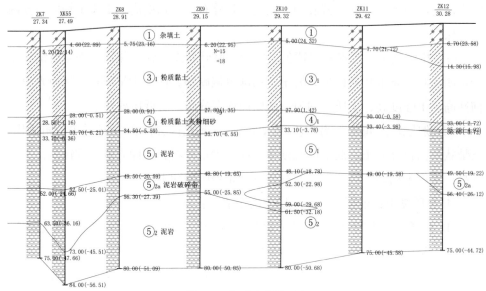

图 3-7　典型地质剖面图

与桩基相关的地基土物理力学参数指标见表 3-12。

表 3-12　　　　　　　　桩基力学参数指标建议值

地层名称及编号	灌注桩		岩石单轴抗压强度标准值 f_{rk}（MPa）
	极限侧阻力标准值（q_{sik}）	极限端阻力标准值（q_{pk}）	
杂填土①	—	—	—
粉质黏土②	32	—	—
粉质黏土③₁	40	—	—
粉质黏土③₂	32	—	—
粉质黏土夹粉细砂④₁	32	—	—
粉质黏土④₂	50	—	—
强风化泥岩⑤₁	80	750	0.62
中风化泥岩⑤₂	150	2200	6.10
中风化泥岩破碎带⑤₂ₐ	120	1500	0.54

3.2.2.2 水文条件

场区内地下水为上层滞水和基岩裂隙水。

上层滞水：赋存于第①层填土层中，地层结构松散，局部表层生长植被，空隙大，有较好的渗透性，接受大气降水和生活废水的渗入补给，水量大小随季节变化，水位埋深为 3.65 ~ 7.50m，无统一的地下水面。

基岩裂隙水：主要赋存于泥岩裂隙中，水位埋深随基岩裂隙位置而变化，其水位埋深较大，一般没有统一而连续的水位线或自由水面。

3.2.3 原设计方案

3.2.3.1 单桩竖向抗压静载试验未达设计要求

项目于 2019 年 3 月 19 日 ~ 4 月 14 日介入前已实施了一次试桩。第一次试桩共 6 根，试桩总桩长 62.8 ~ 69.4m，有效桩长 48 ~ 52m，入岩深度 9.7 ~ 17.8m。

静载试验结果总结见表 3-13，以 40mm 作为试桩单桩竖向极限承载力取值标准，共有 SZ1、SZ2、SZ6，总计 3 根桩未满足设计要求。这 3 根桩均坐落于⑤$_{2a}$中风化泥岩破碎带上，具体信息见表 3-13、表 3-14。

其承载力不足原因可能有如下 3 点：

（1）试桩桩长超过 60m，现场清孔难度大，桩底沉渣较厚；

（2）桩端注浆效果不佳，对桩底沉渣未得到有效固化；

（3）成孔过程中泥浆护壁参数控制不够严格，桩侧泥皮过厚，且后注浆效果不佳，桩侧泥皮未得到有效驱赶，试桩侧摩阻力未得到充分的发挥。

表 3-13 前期试桩信息汇总表

试桩号	参考地勘孔	自然地面至桩底长度（m）	有效桩长（m）	桩径（mm）	桩端持力层	桩端进入持力层深度（m）
试桩 SZ1	SZ1	68.47	48.0	1000	⑤$_{2a}$中风化泥岩破碎带	17.47
试桩 SZ2	SZ2	69.40	52.0	1000	⑤$_{2a}$中风化泥岩破碎带	17.50
试桩 SZ3	ZK12	65.20	48.0	1000	⑤$_2$中风化泥岩	16.30
试桩 SZ4	ZK31	68.00	49.5	1000	⑤$_2$中风化泥岩	15.60
试桩 SZ5	ZK30	62.80	51.5	1000	⑤$_2$中风化泥岩	9.70
试桩 SZ6	ZK6a	66.50	48.5	1000	⑤$_{2a}$中风化泥岩破碎带	17.80

表 3-14	前期试桩成果汇总表		
桩号	单桩竖向极限承载力		
	对应 40mm（t）	对应 50mm（t）	设计值（t）
SZ1a	1800	2200	2500
SZ2a	2300	2600	2500
SZ3a	3000	3000	2500
SZ4a	2700	3000	2500
SZ5a	2600	2800	2500
SZ6a	2200	2500	2500
平均值	2433	2683	—

3.2.3.2 试桩长度加长后成桩困难

根据第一次试桩成果，项目部召开了专家评审会，专家意见中提出"建议在试桩长度根据超前钻的情况适当增加桩长，桩端持力层为深厚⑤$_{2a}$中风化泥岩破碎带时，宜按摩擦桩进行设计，不考虑桩端阻力的作用"。

根据此意见，设计单位对 SZ1、SZ2、SZ6 的桩长进行了加长，并重新进行试桩。在承载力不足的原试桩相邻位置重新打设了 3 根新试桩，3 根新试桩有效桩长平均增加 10m，桩端进入持力层深度平均增加 7.6m，见表 3-15。

表 3-15					试桩补桩与原试桩参数对比表	
试桩号	参考地勘孔	自然地面至桩底长度（m）	有效桩长（m）	桩径（mm）	桩端持力层	桩端进入持力层深度（m）
试桩 SZ1	SZ1	67.0	51.0	1000	⑤$_{2a}$中风化泥岩破碎带	16.0
试桩 SZ1a	BSZ1	75.4	60.0	1000	⑤$_2$中风化泥岩	25.3
试桩 SZ2	SZ2	70.0	53.0	1000	⑤$_{2a}$中风化泥岩破碎带	16.0
试桩 SZ2a	BSZ2	79.2	63.0	1000	⑤$_{2a}$中风化泥岩破碎带	23.6
试桩 SZ6	ZK20	65.0	47.0	1000	⑤$_{2a}$中风化泥岩破碎带	18.0
试桩 SZ6a	BSZ6	72.6	57.0	1000	⑤$_2$中风化泥岩	23.9

试桩补桩的施工过程中，现场成孔时间过长，其中 1 根新补试桩在下放钢筋笼时发生塌孔现象。最终此 3 根新补试桩未实施静载试验。

我们对上述信息进行分析后，认为以下 3 个原因导致了新补试桩未能成功实施，且为工程桩增加桩长的方案施工可行性低：

（1）试桩补桩入岩深度增加 7.6m，由于入岩后进尺速度大大降低，如遇硬岩进尺速度约 0.6m/h 左右，成孔时间大大增加；

（2）成孔时泥浆护壁黏度、比重控制不够严格，护壁效果不佳；

（3）有效桩长增加 10m 左右，钢筋笼须多制作一节，并在下钢筋笼时连接；试桩时有大量应变计导线，声测管、注浆管及钻芯导管需在下钢筋笼时连接，整个下钢筋笼时长成倍增长；总体施工时间大大延长，极大地增加了塌孔风险。

3.2.4 优化方案

根据多年类似后注浆灌注桩的设计施工经验，从以下 4 个方面着手对本工程灌注桩进行优化：

（1）适当减短试桩桩长，缩短成桩所需时间，提高成桩质量；

（2）提出明确的泥浆护壁参数要求，加强成孔过程中施工工艺的质量把控；指出现有施工机械存在的问题，要求增加旋挖钻头上的合金块，避免在提钻过程中产生针筒效应，减少塌孔风险；

（3）提供一整套完整的后注浆方案，主要包括：注浆使用的机械设备、专利 L 形注浆器及开塞注浆的各项参数等；

（4）试桩设计桩长采用桩端进入持力层深度及设计有效桩长双向控制。

根据类似工程经验，灌注桩桩端进入持力层⑤$_2$层中风化泥岩或⑤$_{2a}$层中风化泥岩破碎带至少 6m。

最终确定试桩设计桩长见表 3-16。

表 3-16   试桩参数信息表

试桩号	自然地面至桩底长度（m）	有效桩长（m）	桩径（mm）	桩端持力层	桩端进入持力层深度（m）
试桩 SZ1a	57.1	42.2	1000	⑤$_{2a}$中风化泥岩破碎带	8.2
试桩 SZ2a	60.8	45.2	1000	⑤$_{2a}$中风化泥岩破碎带	6.0
试桩 SZ3a	55.1	40.4	1000	⑤$_2$中风化泥岩	6.0
试桩 SZ4a	57.4	42.9	1000	⑤$_{2a}$中风化泥岩破碎带	10.4
试桩 SZ5a	61.0	46.2	1000	⑤$_2$中风化泥岩	6.0
试桩 SZ6a	57.0	41.0	1000	⑤$_{2a}$中风化泥岩破碎带	10.3

3.2.5 试桩情况

3.2.5.1 试桩参数

试桩采用后注浆工艺，每根桩注纯水泥 5t，水灰比 0.55。采用二次注浆，第一次注 3.5t 水泥，第二次注 1.5t 水泥，注浆时间间隔 2～3h。每根试桩布置 3 根注浆管。技术人员全程旁站指导试桩施工。试桩采用静载荷试验确定承载力，最大加载量 30 000kN。

后注浆终止条件：

（1）注浆量和注浆压力均达到设计值时即可终止；

（2）注浆量少于设计值，但不低于设计值的 75%，注浆压力超过 4.5～5.5MPa，且稳定 3～10min，否则应采取补浆措施。

3.2.5.2 试桩施工

各试桩汇总见表 3-17、表 3-18。

表 3-17　　　　　　　　　　试桩施工汇总表

桩号	桩顶标高	有效桩长（m）	入持力层深度（m）	开钻时间	下放护筒时间	护筒底面标高以下开钻时间
试桩 SZ1a	27.4	42.2	8.7	7/12 15：00	7/12 16：10	7/13 7：50
试桩 SZ2a	27.4	45.4	6.2	7/5 16：42	7/5 19：05	7/6 8：10
试桩 SZ3a	27.15	40.4	6.1	7/13 19：10	7/14 7：50	7/14 12：10
试桩 SZ4a	26.85	43.1	10.4	7/8 11：15	7/8 21：00	7/9 8：30
试桩 SZ5a	26.63	46.6	6.2	7/10 14：35	7/10 17：44	7/11 7：00
试桩 SZ6a	27.6	41.6	10.3	6/30 16：10	6/30 18：15	7/2 7：00

表 3-18　　　　　　　　　　试桩施工汇总表

桩号	入岩时间	终孔时间	下笼完成时间	灌注混凝土完成时间
试桩 SZ1a	7/13 14：53	7/13 18：10	7/13 22：27	7/14 3：00
试桩 SZ2a	7/6 21：40	7/7 9：48	7/7 14：57	7/8 0：50
试桩 SZ3a	7/14 16：18	7/14 17：55	7/14 21：57	7/15 3：30
试桩 SZ4a	7/10 7：15	7/10 11：17	7/10 17：30	7/11 0：00
试桩 SZ5a	7/11 19：20	7/11 21：24	7/12 1：12	7/12 11：30
试桩 SZ6a	7/3 8：40	7/3 17：05	7/4 1：00	7/4 6：20

3.2.5.3 后注浆施工

劈裂及注浆统计见表3-19。

表3-19　　　　　　　　　　　试桩注浆统计表

桩号	第一次注浆量（t）	第一次注浆压力（MPa）	第二次注浆量（t）	第二次注浆压力（MPa）
试桩 SZ1a	3.25	4.0～8.0	1.8	4.0～9.0
试桩 SZ2a	3.5	4.0～9.0	1.5	1.0～3.0
试桩 SZ3a	3.5	2.0	1.5	1.5
试桩 SZ4a	3.5	4.0	1.5	4.0
试桩 SZ5a	3.5	4.0	1.5	4.5
试桩 SZ6a	3.5	5.0	1.5	5.0

3.2.5.4 静载结果

试验加载采用慢速维持荷载法，并加载至破坏（要求堆载量大于理论极限值的1.2倍，即25000 1.2=30 000kN）。按19级进行分级加载，单级加载值为地勘理论计算值的1/15，当加载至根据地勘理论计算值的70%后，改为半级加载。具体加载见表3-20。

表3-20　　　　　　　　　　　试桩分级加载表

第1次加载后（kN）	第2次加载后（kN）	第3次加载后（kN）	第4次加载后（kN）	第5次加载后（kN）	第6次加载后（kN）	第7次加载后（kN）	第8次加载后（kN）	第9次加载后（kN）	第10次加载后（kN）
2000	4000	6000	8000	10 000	12 000	14 000	16 000	18 000	20 000
第11次加载后（kN）	第12次加载后（kN）	第13次加载后（kN）	第14次加载后（kN）	第15次加载后（kN）	第16次加载后（kN）	第17次加载后（kN）	第18次加载后（kN）	第19次加载后（kN）	—
22 000	23 000	24 000	25 000	26 000	27 000	28 000	29 000	30 000	—

试桩单桩竖向抗压静载试验时间见表3-21。

表 3-21   试桩单桩竖向抗压静载试验

桩号	成桩时间	后注浆时间	静载时间
SZ1a	7 月 14 日	7 月 17 日	8 月 11 日
SZ2a	7 月 8 日	7 月 11 日	8 月 4 日
SZ3a	7 月 15 日	7 月 18 日	8 月 15 日
SZ4a	7 月 11 日	7 月 14 日	8 月 7 日
SZ5a	7 月 12 日	7 月 15 日	8 月 12 日
SZ6a	7 月 4 日	7 月 7 日	8 月 1 日

参考《建筑基桩检测技术规范》（JGJ 106-2014）第 4.4.2 条，对于缓变型荷载－沉降（Q-s）曲线，根据桩顶总沉降量，取 s 等于 40mm 对应的荷载值；对 D（D 为桩端直径）大于 800mm 的桩，可取 s 等于 0.05D（本工程 D=1000mm 的试桩，即 50mm）对应的荷载值；当桩长大于 40m 时，宜考虑桩身弹性压缩。

通过考虑自由段钢护筒、桩身混凝土及桩身主筋配筋，计算得出试桩截面综合弹性模量。再将每级荷载下的自由段桩身弹性压缩进行了计算，对试桩的荷载－沉降曲线进行了修正。SZ1a ～ SZ6a 试桩修正后的荷载－沉降曲线见图 3-8—图 3-13。

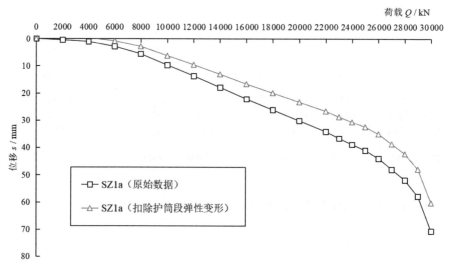

图 3-8 SZ1a 试桩静载检测曲线

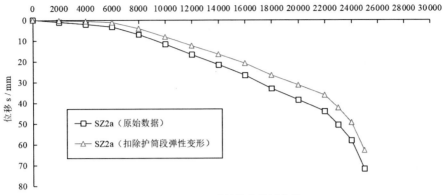

图 3-9　SZ2a 试桩静载检测曲线

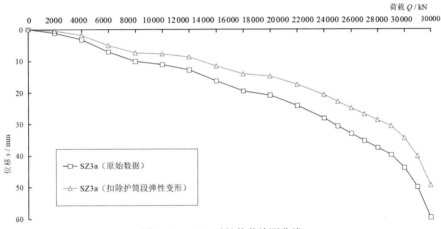

图 3-10　SZ3a 试桩静载检测曲线

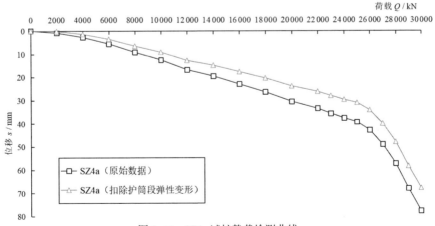

图 3-11　SZ4a 试桩静载检测曲线

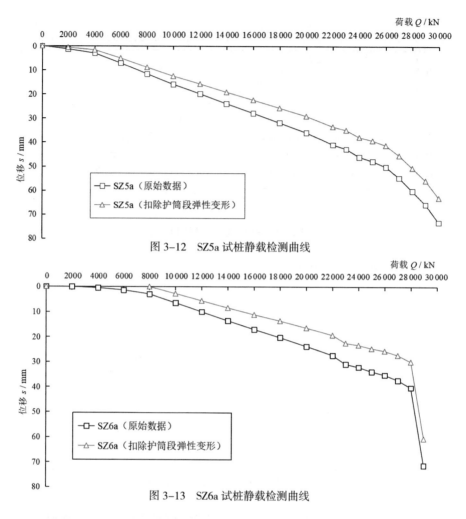

图 3-12　SZ5a 试桩静载检测曲线

图 3-13　SZ6a 试桩静载检测曲线

六根试桩检测结果汇总见表 3-22。

表 3-22　　　　　　　　　　　　试桩静载荷试验结果汇总表

桩号	有效桩长 （m）	总桩长 （m）	入持力层 深度（m）	持力层	单桩竖向极限承载力		
					对应40mm（t）	对应50mm（t）	预估值（t）
SZ1a	42.2	57.7	8.7	5-2a	2700	2900	2500
SZ2a	45.4	60.9	6.2	5-2a	2200	2400	2500
SZ3a	40.4	55.65	6.1	5-2	2900	3000	2500
SZ4a	43.1	58.05	10.4	5-2a	2700	2900	2500
SZ5a	46.6	61.33	6.2	5-2	2500	2800	2500
SZ6a	41.6	57.3	10.3	5-2a	2800	2800	2500
				平均值	2633	2800	

6 根试桩静载结果：对应 40mm 沉降，单桩最大承载力 2900t，最小承载力 2200t，承载力平均值 2633t。

试桩 SZ2a 承载力偏低的原因是在后注浆过程中，注浆压力由 5MPa 逐渐降低至 1MPa，观察发现试桩 SZ2a 旁旧试桩侧出现冒浆。虽然采取间歇式注浆补充注浆量，但浆量损失量难以估计，可能由于有效注浆量不足导致承载力偏低。

3.2.6 工程桩情况

3.2.6.1 工程桩设计

考虑到本工程的重要性及便于大范围铺开施工后工程桩成桩质量的把控，通过与结构设计单位多次研究协商，确定工程桩设计桩长采用桩端进入持力层深度及设计有效桩长双向控制，灌注桩桩端进入持力层⑤$_2$层中风化泥岩 ≥ 10m 或 ⑤$_{2a}$ 层中风化泥岩破碎带 ≥ 12m。有效桩长约 45m。桩端注浆量 5t、桩端注浆压力要求与试桩保持一致。单桩承载力特征值取 11 380kN。

另外根据试桩成果专家会意见，在桩底以上 15m 处，强风化泥岩层中增加一道桩侧注浆，注浆量 2t，注浆压力 ≥ 3MPa。

3.2.6.2 工程桩施工

结合施工施工情况及设计要求，对工程桩施工提出以下要求。

1）桩端后注浆工艺要求

工程桩桩端后注浆工艺要求同试桩要求。

2）桩侧后注浆工艺要求

（1）桩侧后压浆采用环形注浆器，环管采用直径 33 ～ 40mm 橡胶钢丝管。喷口直径 3mm，间距 80mm，采用具有单向阀功能的喷口保护装置，并应通过现场测试确定效果。

（2）压浆导管采用无缝钢管，压浆导管公称口径 ϕ32，壁厚 ≥ 3.25mm。

3.2.6.3 工程桩检测

1）1$^\#$ 楼检测桩静载结果分析

1$^\#$ 楼共完成 6 根检测桩的单桩竖向抗压静载试验。静载试验结果显示，所有检测桩的单桩竖向极限承载力标准值均满足设计要求（加载至 22 760kN 时，沉降 s ≤ 40mm）。

试验数据见表 3-23。

表 3-23　　　　　　　　　　　　工程桩静载荷试验结果汇总表

序号	试桩编号	持力层	每级荷载（kN）下位移量（mm）									
			0	4552	6828	9104	11 380	13 656	15 932	18 208	20 484	22 760
1	1-215	⑤₂	0.00	1.91	2.72	3.75	5.51	8.10	11.09	14.51	18.27	22.44
2	1-128	⑤₂ₐ	0.00	1.83	3.18	7.37	12.02	14.50	17.15	20.43	24.08	28.87
3	1-187	⑤₂	0.00	3.39	6.30	8.16	10.26	12.14	13.99	16.40	21.07	26.28
4	1-156	⑤₂	0.00	3.63	5.26	6.55	8.62	11.14	13.86	16.49	20.99	26.24
5	1-26	⑤₂ₐ	0.00	2.91	4.55	6.72	8.72	11.26	13.96	17.76	22.45	27.66
6	1-61	⑤₂ₐ	0.00	1.51	2.61	4.42	6.4	7.93	10.68	14.06	17.78	22.52

试验荷载 – 沉降曲线见图 3-14。

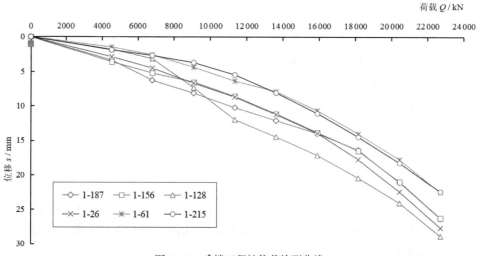

图 3-14　1# 楼工程桩静载检测曲线

2）2# 楼检测桩静载结果分析

2# 楼共完成全部 6 根检测桩的单桩竖向抗压静载试验。检测桩静载试验结果显示，所有检测桩的单桩竖向极限承载力标准值均满足设计要求（加载至 22 760kN 时，沉降 $s \leq 40$mm）。

试验数据见表 3-24。

表 3-24　　　　　　　　　　　　　2# 楼检测桩静载结果汇总表

序号	试桩编号	持力层	每级荷载（kN）下位移量（mm）									
			0	4552	6828	9104	11 380	13 656	15 932	18 208	20 484	22 760
1	2-25	⑤$_{2a}$	0	1.96	3.79	6.37	9.22	12.10	14.98	18.12	21.69	27.79
2	2-199	⑤$_2$	0	1.65	3.77	5.66	7.96	10.31	12.76	15.46	18.28	24.20
3	2-123	⑤$_2$	0	1.03	2.05	4.71	7.82	11.70	15.83	20.12	24.89	31.50
4	2-44	⑤$_2$	0	2.18	6.26	8.23	10.87	13.70	16.13	17.51	20.05	25.46
5	2-182	⑤$_{2a}$	0	2.32	4.66	7.21	9.50	12.15	14.29	16.91	19.79	22.11
6	2-186	⑤$_{2a}$	0	2.63	5.89	9.55	13.50	17.16	21.02	24.70	28.29	30.08

试验荷载 – 沉降曲线见图 3-15。

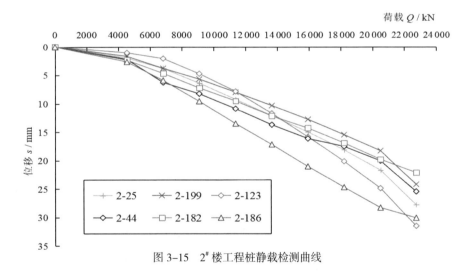

图 3-15　2# 楼工程桩静载检测曲线

3.2.7　项目总结

　　项目经验表明，采用可靠的桩端后注浆工艺后，中风化泥岩破碎带也可以作为超高层建筑物桩基持力层。项目优化后为业主节省工程直接费用约 370 万元。

3.3 上海某超高层办公楼项目

3.3.1 工程概况

项目占地面积 27 054m²，总建筑面积 188 607m²。场地南侧拟建一栋超高层办公塔楼建筑地上 32 层，建筑高度 160m；一栋高层办公塔楼建筑，地上 19 层，建筑高度 97.5m；北侧拟建三栋新建多层商业，地上 4 层，建筑高度 21.7m。项目效果图见图 3-16。

受建设单位委托，我们对本工程的高层建筑的桩基础设计进行优化咨询。

3.3.2 工程及水文地质情况

3.3.2.1 工程地质情况

拟建场地位于长江三角洲入海口东南前缘，其地貌属于上海地区五大地貌单元中的滨海平原类型。

勘察期间，拟建场地内原有建筑大部分已被拆除（保留建筑和遗存船坞未被

图 3-16 项目效果图

拆除），地表大部分区域为混凝土地坪。勘察点的地面标高在 4.93 ～ 3.89m 之间，高差 1.04m，船坞主体坑内标高在 -6.38 ～ -6.55m 之间。

根据已钻探揭露的地层情况，场区岩土层自上而下可分为 8 层，具体见表 3-25。

表 3-25 　　　　　　　　地基土成因类型及分布状况一览表

地质年代	层号	土层名称	成因类型	分布状况	土性特征	特质特性
全新统 Q_4	Q_4^3 ①₁	杂填土	人工	遍布	土性杂	土质差
	①₃	灰黄～灰色黏质粉土夹粉质黏土（江滩土）	河漫滩	遍布	土性不均匀	土质一般
	Q_4^2 ③	灰色淤泥质粉质黏土	滨海～浅海	遍布	土性欠均匀	土质软弱
	④	灰色淤泥质黏土	滨海～浅海	遍布	土性尚均匀	土质软弱
	Q_4^1 ⑤₁₋₁	灰色黏土	滨海、沼泽	遍布	土性尚均匀	土质较软弱
	⑤₁₋₂	灰色粉质黏土	滨海、沼泽	遍布	土性尚均匀	土质一般
	⑤₃	灰色粉质黏土	溺谷	局部分布	土性不均	土质一般
	⑤₄	灰绿色粉质黏土	溺谷	局部分布	土性均匀	土质较好
晚更新统 Q_3	Q_3^2 ⑥	暗绿～灰绿色粉质黏土	河口～湖泽	遍布	土性均匀	土质好
	⑦₁	草黄色砂质粉土	河口～滨海	遍布	土性欠均匀	土质好
	⑦₂	草黄～灰黄色粉砂	河口～滨海	遍布	土性尚均匀	土质佳
	Q_3^1 ⑨₁	草黄～灰色粉砂	滨海～河口	遍布	土性尚均匀	土质佳
	⑨₂	灰黄～灰色细砂	滨海～河口	遍布	土性尚均匀	土质佳
	Q_2^2 ⑾	灰色粉细砂	河口～滨海	遍布	土性尚均匀	土质佳

典型地质剖面见图 3-17。

与桩基相关的地基土物理力学参数指标见表 3-26。

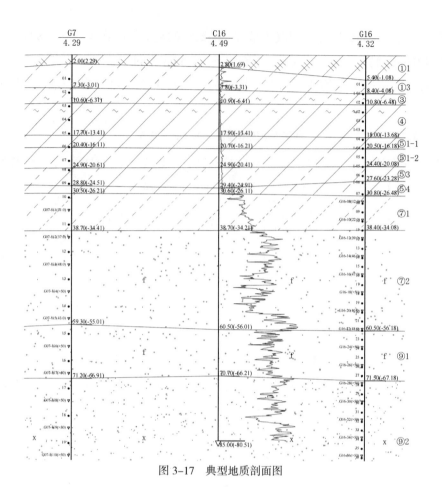

图 3-17 典型地质剖面图

表 3-26 地基土设计计算指标参考值

土层编号	土层名称	比贯入阻力 p_s 值（MPa）	钻孔灌注桩	
			极限摩阻力标准值 f_s（kPa）	极限端阻力标准值 f_p（kPa）
①₃	黏质粉土夹粉质黏土	1.00	15	—
③	淤泥质粉质黏土	0.58	15	—
④	淤泥质黏土	0.66	20	—
⑤₁₋₁	黏土	0.92	30	—
⑤₁₋₂	粉质黏土	1.26	35	—
⑤₃	粉质黏土	1.55	50	—
⑤₄	粉质黏土	2.30	45	—

续表

土层编号	土层名称	比贯入阻力 p_s 值（MPa）	钻孔灌注桩	
			极限摩阻力标准值 f_s（kPa）	极限端阻力标准值 f_p（kPa）
⑥	粉质黏土	2.91	55	—
⑦₁	砂质粉土	11.71	75	1600
⑦₂	粉砂	21.11	70	2300
⑨₁	粉砂	24.65	90	3000
⑨₂	细砂	26.72	90	3000

3.3.2.2 水文条件

本拟建场地浅部土层中的地下水属于潜水类型，其水位动态变化主要受控于大气降水和地面蒸发等，地下水丰水期较高，枯水期较低。勘察期间实测详勘各取土孔内的地下水静止水位埋深在 0.50～1.80m 之间（由于勘察周期较长，过程中遇雨期，地下静止水位有一定起伏），相应标高为 2.26～3.72m。

3.3.3 原设计方案

原设计采用钻孔灌注桩，桩端后注浆工艺，原方案试桩桩型参数见表3-27。

表 3-27　　　　　　　　　　　　原设计方案

桩型编号	桩径（mm）	有效桩长（m）	总桩长（m）	桩端持力层	单桩抗压（拔）承载力标准值（kN）	后注浆量（t）
SZ1	800	47	约63.8	⑨₁层	不小于12 000	2.4
SZ2	1000	61	约78.9	⑨₂层	不小于20 000	3.6
SZ3	600	33	约48.7	⑦₂层	不小于5300（3300）	—

3.3.4 优化方案

本项目拟建 2 栋办公塔楼采用桩筏基础，基础对单桩承载力要求较高。根据勘察结果，场地中部位于正常沉降区，东侧及西侧局部地段位于古河道切割区域。除古河道区⑦₁层层顶略有起伏外，其他区域⑦层、⑨层地基土分布较为稳定且厚度较大（⑦层、⑨层地基土直接沟通），故对本工程而言，场地内桩基岩土条件较好。

场地内⑦₂层 p_s 平均值 21.11MPa，层顶标高为 −32.38 ～ −34.72m，层厚在
20.30 ～ 24.10m 之间，土层土性佳，对于拟建 19 ～ 32 层主楼建筑而言，若以该
层为桩基持力层时有效桩长较短，单桩所能提供的承载力有限，设计补桩难度可
能较大且经济性不佳，但若采用桩端后注浆工艺，则可明显提高单桩承载力，根
据上海地区经验，后注浆承载力提高系数可达 1.5，极大地优化桩基工程量。近
些年，后注浆工艺越来越多地用于高层、超高层建筑桩基，工程经验丰富，施工
质量可靠性高。后注浆灌注桩为本工程可优先比选的桩基形式见图 3−18。

若采用⑦₂层作为拟建19/32层办公塔楼的桩基持力层，采用钻孔灌注桩桩型，
选取适宜的钻孔成孔工艺及技术控制参数，并做好泥浆护壁工作，成桩施工难度
不大，成桩质量也能得到有效控制。桩基方案的单桩承载力宜通过静载荷试验方
法确定。

综合考虑工程的安全性、施工的便捷性和施工质量的离散性等因素，经各方
商讨，最终优化方案决定 2 栋办公塔楼试桩采用统一桩型，采用 ϕ 800 钻孔灌注

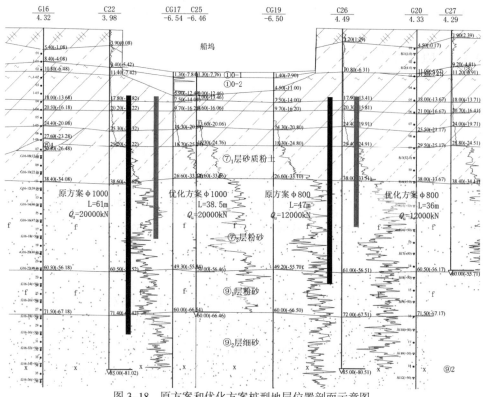

图 3−18　原方案和优化方案桩型地层位置剖面示意图

桩，桩端后注浆，具体试桩桩型参数见表 3-28。

表 3-28 试桩桩型参数表

桩径（mm）	有效桩长（m）	桩端持力层	预估单桩抗压承载力标准值（kN）	后注浆量（t）
800	40.0	⑦₂层	12 000	4

3.3.5 试桩情况

3.3.5.1 试桩参数

确定试桩参数为桩径 800mm，进入 ⑦₂ 层粉砂约 20m，混凝土等级 C45，采用后注浆工艺，每根桩注纯水泥 4t，水灰比 0.55。采用二次注浆，第一次注 2.8t 水泥，第二次注 1.2t 水泥，注浆时间间隔 2h。每根试桩布置 2 根注浆管。试桩采用静载荷试验确定承载力，最大加载量 12 000kN。

3.3.5.2 试桩施工

优化方案试桩设置 4 根钻孔灌注桩，2020 年 8 月 12 日至 8 月 21 日完成试桩施工，技术人员全程旁站指导试桩施工。各试桩汇总见表 3-29。

表 3-29 试桩施工汇总表

试桩桩号	浇筑完成时间	后注浆时间	注浆量（t）	终止压力（MPa）
SZ1-A	8/15 11：00	8/20 8：30	4	2.8
SZ1-B	8/16 04：30	8/21 7：30	4	2.5
SZ2-A	8/12 18：30	8/17 9：00	4	2.1
SZ2-B	8/13 20：30	8/18 8：00	4	1.8

3.3.5.3 后注浆施工

本工程于 2020/8/12 ～ 2020/8/16 之间进行了后注浆施工。注浆统计见表 3-30。

表 3-30 试桩注浆统计表

桩号	混凝土浇筑结束时间	后注浆时间	注浆量（t）	终止压力（MPa）
SZ2-A	8/12 18：30	8/17 9：00	4	4
SZ2-B	8/13 20：30	8/18 8：00	4	2.5
SZ1-A	8/15 11：00	8/20 8：30	4	2 ～ 3.5
SZ1-B	8/16 4：30	8/21 7：30	4	2 ～ 3

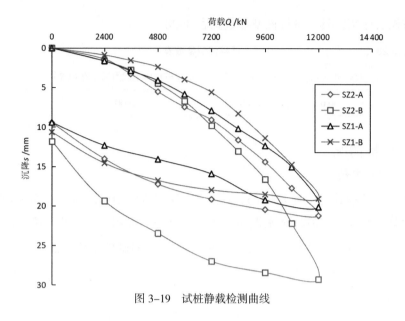

图 3-19　试桩静载检测曲线

3.3.5.4　静载结果

根据设计图纸，因优化方案 ϕ800mm 钻孔灌注桩试桩后期作为工程桩使用，所以试桩不做破坏性试验，单桩静载最大加载量 12 000kN，4 根试桩最大桩顶沉降 19.05 ～ 29.27mm，可见单桩抗压承载力还有较大余量，桩基承载力安全性有充分保证。静载检测曲线见图 3-19。

三根试桩检测结果汇总见表 3-31。

表 3-31　　　　　　　　　　试桩静载荷试验结果汇总表

试桩桩号	桩径（mm）	静载日期	最大加载（kN）	桩顶最大沉降（mm）	单桩抗压极限承载力（kN）
SZ1-A	800	9 月 17 日	12 000	20.12	≥ 12 000
SZ1-B	800	9 月 15 日	12 000	19.05	≥ 12 000
SZ2-A	800	9 月 6 日	12 000	21.21	≥ 12 000
SZ2-B	800	9 月 9 日	12 000	29.27	≥ 12 000

3.3.6　工程桩情况

3.3.6.1　工程桩设计

主体结构原根据试桩结果，扣除基坑开挖范围空孔段侧阻力，并考虑到本工程的重要性及便于大范围铺开施工后工程桩成桩质量的把控，设计单桩抗压承载力特征值调整为 5450kN。工程桩桩端后注浆工艺要求同试桩要求，保证工程桩的施工质量。

3.3.6.2　工程桩施工

结合施工施工情况及设计要求，对工程桩施工提出以下要求：

1）注浆导管采用直径 32mm，壁厚 3.5mm 无缝钢管。直径 800mm 的工程桩设置两根注浆管，导管应连接牢固或密封，采用螺纹丝扣连接。注浆器应具备逆止功能。

2）后注浆的终止条件：

（1）以注浆量控制为主，注浆量达到设计值即可终止；

（2）注浆量少于设计值，但不低于设计值的 75%，注浆压力超过 4.0MPa，且稳定 3 ～ 10min，否则应采取补浆措施；

（3）注浆采用 42.5 级普通硅酸盐水泥，浆液水灰比取 0.55，注浆流量控制 30 ～ 40L/min。

应精心组织施工，充分考虑成桩顺序、出土路径等，做好注浆管的保护工作，避免碰撞损坏注浆管。

3.3.6.3　工程桩检测

2 栋办公塔楼共选择 6 根工程桩进行单桩竖向抗压静载试验。静载试验结果显示，所有检测桩的单桩竖向极限承载力标准值均满足设计要求，加载至最大加载量 12 000kN 时，6 根检测桩桩顶最大沉降仅 20.20mm，可见单桩抗压承载力还有较大余量，桩基承载力安全性有充分保证。工程桩静载检测汇总见表 3-32。

表 3-32　　　　　　　　工程桩静载荷试验结果汇总表

试桩桩号	桩径（mm）	最大加载（kN）	桩顶最大沉降（mm）	单桩抗压极限承载力（kN）
SZ6	800	12 000	18.79	≥ 12 000
SZ7	800	12 000	17.62	≥ 12 000
SZ8	800	12 000	19.83	≥ 12 000
SZ26	800	12 000	20.20	≥ 12 000
SZ32	800	12 000	17.60	≥ 12 000
SZ33	800	12 000	16.10	≥ 12 000

3.3.7 项目总结

（1）上海地区⑦₂层粉砂是很好的后注浆钻孔灌注桩持力层。

（2）工程桩检测数据证明后注浆的可靠度很高，即使只有 1 根注浆管能够注浆，也可以满足承载力要求。

（3）优化效果显著，节约项目桩基直接成本约 15%，累计 320 万元，且节约大量工期。

3.4 台州玉环某商业住宅项目

3.4.1 工程概况

本工程主要由商业区块和住宅区块组成，其中住宅区块由 9 幢 26～33 层的高层住宅楼及 2 层的沿街商铺组成；商业区块主要由 1 幢 4 层的购物中心及 2 层的沿街商铺组成。本项目总用地面积约 168 592m²，地上建筑面积约 403 407m²，地下建筑面积约 133 243m²。项目效果图见图 3-20。

受建设单位委托，我们对本工程的高层建筑、大商业建筑的桩基础设计进行优化咨询。

图 3-20　项目效果图

3.4.2 工程及水文地质情况

3.4.2.1 工程地质情况

场地所在地貌单元属冲海积平原，地貌类型单一。场地现状主要杂填土堆填，拟建场地地形较平坦，A 地块地面高程在 1.26 ～ 3.72m，B 地块地面高程在 −0.05 ～ 3.81m。

本项目各层地基土的地质年代、成因类型、分布状况等根据钻探野外鉴别，结合室内试验及原位测试，场地勘探深度 95.0m 范围内，可划分 8 个工程地质层，14 个亚层。自上而下分述如下：

① 杂填土，杂色，松散。以碎石、块石为主，含少量建筑垃圾。该层底部夹杂有大量腐殖质及淤泥。全场分布，层顶标高 −0.05 ～ 3.77m，层厚 0.50 ～ 6.30m。

③$_1$ 淤泥，灰色，流塑。切面光滑，具油脂光泽，芯样无法自立，手捏有滑腻感，韧性及干强度中等。局部夹薄层粉土、粉砂，层厚 1 ～ 3mm。全场分布，层顶标高 −4.26 ～ 0.42m，层厚 1.50 ～ 16.50m。

③$_1$ 夹粉质黏土夹粉砂，灰色、灰黄色，软塑。切面稍粗糙，稍具光泽，无摇振反应。粉质黏土层与粉砂层呈无规律沉积，粉砂层厚约 10 ～ 40mm，局部粉砂含量较高，相变为粉砂。含少量贝壳碎屑。局部分布，层顶标高 −15.75 ～ −7.28m，层厚 0 ～ 4.40m。

③$_2$ 淤泥质黏土，灰色，流塑。切面光滑，具光泽，芯样无法自立，手捏有滑腻感，韧性及干强度中等。夹薄层粉土、粉砂，层厚 1 ～ 4mm。全场分布，层顶标高 −18.74 ～ −12.86m，层厚 3.50 ～ 11.10m。

③$_3$ 黏土，灰色，软塑，局部流塑。切面光滑，具光泽，无摇振反应，韧性及干强度高。含少量腐殖质及贝壳碎屑，局部夹薄层粉土、粉砂，层厚 1 ～ 4mm。局部分布，层顶标高 −25.84 ～ −18.96m，层厚 0 ～ 14.90m。

④ 黏土，灰黄色，软可塑，局部硬可塑。切面稍光滑，稍具光泽，无摇振反应，韧性及干强度中等。见铁锰质结核及氧化铁斑点。全场分布，层顶标高 −38.03 ～ −19.08m，层厚 1.70 ～ 15.20m。

⑤ 黏土，灰色，软塑。切面光滑，具光泽，无摇振反应，韧性及干强度高。局部夹薄层粉土、粉砂，层厚 1 ～ 5mm。全场分布，层顶标高 −43.43 ～ −26.34m，层厚 6.80 ～ 24.30m。

⑥$_1$ 粉质黏土，灰黄色、青灰色，软可塑，局部硬可塑。切面稍光滑，稍具光泽，

无摇振反应，韧性及干强度中等，见铁锰质结核及氧化铁斑点。局部夹粉砂，层厚 $30 \sim 50cm$。局部分布，层顶标高 $-50.90 \sim -37.95m$，层厚 $0 \sim 14.50m$。

⑥₂黏土，灰色，软可塑。切面光滑，具光泽，无摇振反应，韧性及干强度高，含少量腐殖质。局部夹薄层粉土、粉砂，层厚 $5 \sim 20mm$，局部粉土含量较高，相变为黏质粉土。全场分布，层顶标高 $-57.28 \sim -46.57m$，层厚 $2.50 \sim 11.00m$。

⑥₃粉质黏土，棕灰色、灰色，软可塑。切面稍光滑，稍具光泽，无摇振反应，韧性及干强度中等，含大量腐殖质，该层底部局部夹少量粉砂，层厚 $10 \sim 40cm$。全场分布，层顶标高 $-61.02 \sim -54.64m$，层厚 $2.20 \sim 8.30m$。

⑦₁含粉质黏土圆砾，灰色，密实，局部中密。粒径大于 $2mm$ 的颗粒占 $50\% \sim 55\%$，其中粒径大于 $20mm$ 的颗粒占 $20\% \sim 25\%$，最大粒径达 $80mm$。砾石的母岩成分为中风化凝灰岩，颗粒级配一般，磨圆度较好，多呈浑圆状。黏性土和砂充填，黏性土含量占 $25\% \sim 35\%$，余为砂充填。局部缺失，层顶标高 $-65.01 \sim -59.09m$，层厚 $0 \sim 6.70m$。

⑦₂粉质黏土，青灰色，软可塑。切面稍光滑，稍具光泽，无摇振反应，韧性及干强度中等。该层底部夹少量粉砂，层厚 $20 \sim 40cm$。全场分布，层顶标高 $-68.11 \sim -60.43m$，层厚 $1.10 \sim 6.90m$。

⑧₁含粉质黏土圆砾，灰色，密实。粒径大于 $2mm$ 的颗粒占 $50\% \sim 60\%$，其中粒径大于 $20mm$ 的颗粒占 $20\% \sim 30\%$，最大粒径达 $80mm$。砾石的母岩成分为中风化凝灰岩，颗粒级配一般，磨圆度较好，多呈浑圆状。黏性土和砂充填，黏性土含量占 $20\% \sim 30\%$，余为砂充填。全场分布，层顶标高 $-70.75 \sim -63.27m$，层厚 $1.20 \sim 8.50m$。

⑧₁夹粉质黏土，青灰色，软可塑。切面稍光滑，稍具光泽，无摇振反应，韧性及干强度中等。局部分布，层顶标高 $-70.09 \sim -68.37m$，层厚 $0 \sim 1.70m$。

⑧₂粉质黏土，灰白色、青灰色、灰黄色，软可塑，局部硬可塑。切面稍光滑，稍具光泽，无摇振反应，韧性及干强度中等。全场分布，层顶标高 $-75.00 \sim -68.43m$，控制层厚 $13.60 \sim 20.50m$。

典型地质剖面见图 3-21、图 3-22。

与桩基相关的地基土物理力学参数指标见表 3-33。

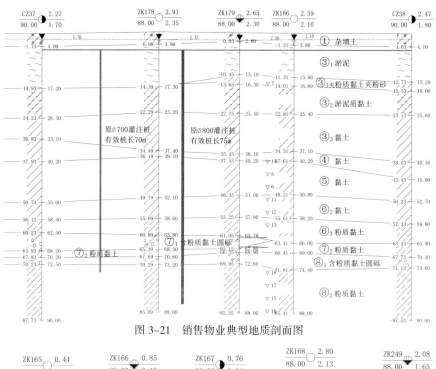

图 3-21 销售物业典型地质剖面图

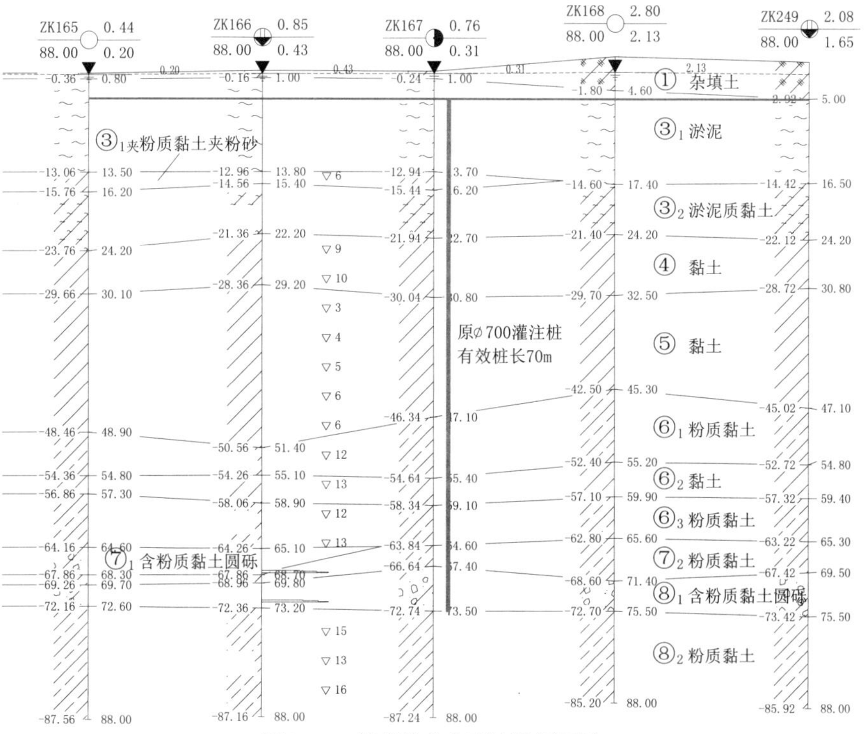

图 3-22 持有物业典型地质剖面图

表 3-33   地基土设计计算指标参考值

土层编号	土层名称	标贯 N（击/30cm）	动力触探 $N_{63.5}$（击/10cm）	钻孔灌注桩		
				桩侧摩阻力特征值 f_{sa}（kPa）	桩端承载力特征值 f_{pa}（kPa）	抗拔承载力系数
①	杂填土	—	—	—	—	—
③₁	淤泥	—	—	4	—	0.7
③₁夹	粉质黏土夹粉砂	8.2	—	10	—	0.7
③₂	淤泥质黏土	—	—	6	—	0.7
③₂夹	粉质黏土	8.4	—	15	—	07
③₃	黏土	3.4	—	14	—	0.75
④	黏土	9.9	—	23	—	0.75
⑤	黏土	5.1	—	18	—	0.75
⑥₁	粉质黏土	12.2	—	26	600	0.75
⑥₂	黏土	9.2	—	24	500	0.75
⑥₃	粉质黏土	11.9	—	25	550	0.75
⑦₁	含粉质黏土圆砾	—	30.4	42	2000	0.60
⑦₂	粉质黏土	15.0	—	28	650	0.75
⑧₁	含粉质黏土圆砾	—	32.2	45	2100	0.60
⑧₂	粉质黏土	15.0	—	28	700	0.75

3.4.2.2　水文条件

根据地下水含水空间介质和水理、水动力特征及赋存条件，场地地下水类型可分为松散岩类孔隙潜水和松散岩类孔隙性承压水两种类型。

（1）松散岩类孔隙潜水。主要赋存于场区表部填土层和浅部第四系黏性土层内，地下水分布连续。孔隙潜水受大气降水竖向入渗补给及地表水体下渗补给为主，径流缓慢，以蒸发方式排泄为主，潜水位受季节气候动态变化明显。潜水位在勘察期间埋深为 0～3.50m，水位高程为 0.00～1.12。地下水位埋深和变化幅度受季节和大气降水的影响，水位年平均变化幅度在 1.00～1.5m。

（2）孔隙承压水。场地上部局部分布有③₁夹粉质黏土夹粉砂层，此层局部粉砂含量较高，相变为粉砂，含弱孔隙承压水。根据本场地上部承压水实测资料，此层孔隙承压水水位高程分别约 0.20m；场地底部⑦₁含粉质黏土圆砾及⑧₁含粉质黏土圆砾层埋深较深,承压水水位较深,水位年平均变化幅度在1.00～2.00m。

3.4.3 原设计方案

在我们介入前,本项目已施工一批共计14根试桩,采用钻孔灌注桩(无后注浆),静载试验结果未满足设计要求,原设计方案见表3-34。

表3-34 原设计方案

桩型编号	桩径 (mm)	有效桩长 (m)	总桩长 (m)	桩端持力层	单桩抗压(拔) 承载力标准值(kN)
S1～S3	600	57	约62	⑥₃层	抗压3900
S4～S6	600	57	约62	⑥₃层	抗拔1300
S7～S10	700	70	约75	⑧₂层	抗压7250
S11～S14	800	75	约80	⑧₂层	抗压9350

3.4.4 优化方案

根据本项目工程地质资料和上海地区大量类似工程经验,提出桩基优化方案,桩型参数如表3-35所示。

表3-35 理论试桩桩长

适用区域	桩径 (mm)	有效桩长 (m)	桩端持力层	预估单桩抗压承载力标准值(kN)	后注浆量 (t)
18～33层高层	800	60.0	⑥₃/⑦₂	抗压8600	4
大商业、地库	700	55.0	⑥₃/⑦₂	抗压5600 抗拔3200	3.5

与原方案经济性对比见下表。可见优化后虽然增加了一定的注浆费用,但是桩长进行了优化,并将承载力提升至4300kN,大量地节约了桩基工程的方量,除直接节约工程量外,还可节约大量的工期。

3.4.5 试桩情况

3.4.5.1 试桩参数

确定试桩参数为18～33层高层销售物业桩径800mm,有效桩长60m,进入⑥₃层粉质黏土1～2m,混凝土等级C40(水下),采用后注浆工艺,每根桩注纯水泥 4t；大商业桩径 700mm，有效桩长 50m，进入⑥₁层粉质黏土 1～2m，混凝土等级 C40（水下），采用后注浆工艺，每根桩注纯水泥 3.5t。桩径水灰比 0.55。采用二次注浆，第一次注 70% 水泥，第二次注 30% 水泥，注浆时间间隔 2～3h。每根试桩布置 2 根注浆管。试桩采用静载荷试验确定承载力，最大加载量 10 800kN/7000kN。

3.4.5.2 试桩施工

各试桩施工情况记录汇总见表 3-36、表 3-37。

表 3-36 试桩施工汇总表（销售物业）

桩号	成孔时间		下钢筋笼时间		混凝土浇筑时间	
	开始	结束	开始	结束	开始	结束
SZ1	4/17 14：00	4/18 9：20	4/18 18：04	4/18 22：34	4/19 9：04	4/19 11：11
SZ2	4/16 10：20	4/17 9：30	4/18 15：10	4/18 18：01	4/18 20：21	4/18 23：30
SZ3	4/17 10：00	4/18 16：40	4/19 10：40	4/19 16：00	4/19 18：29	4/19 20：09
SZ4	4/16 19：00	4/18 5：30	4/19 10：25	4/19 16：43	4/19 18：35	4/19 20：25

表 3-37 试桩施工汇总表（大商业）

桩号	成孔时间		下钢筋笼时间		混凝土浇筑时间	
	开始	结束	开始	结束	开始	结束
SZ5	4/17 15：00	4/18 19：00	4/19 18：03	4/20 1：42	4/20 10：25	4/20 12：25
SZ6	4/17 12：00	4/18 18：04	4/19 10：51	4/19 17：43	4/19 21：13	4/19 22：22
SZ7	4/17 10：00	4/18 7：35	4/18 15：22	4/19 1：40	4/19 11：03	4/19 12：41
SZ8	4/17 10：00	4/18 18：40	4/19 12：27	4/19 20：12	4/19 22：36	4/20 0：08

3.4.5.3 后注浆施工

注浆统计见表 3-38。

表 3-38 试桩注浆统计表

注浆阶段	桩号	注浆量（t）	终止压力（MPa）	注浆时间
第一次注浆	SZ1	2.75/1.35	1.5	8：43-14：02
	SZ2	2.75/1.35	2.0	10：10-14：42
	SZ3	2.75	2.0	15：43-21：48
	SZ4	2.75/1.90	4.0	20：50-23：00

续表

注浆阶段	桩号	注浆量（t）	终止压力（MPa）	注浆时间
第二次注浆	SZ5	2.45/1.05	1.5	15：16-19：01
	SZ6	2.5/1.00	3.5	16：41-19：37
	SZ7	2.50/1.10	4.0	13：20-17：42
	SZ8	2.50/1.10	4.0	16：20-20：12

3.4.5.4 静载结果

因优化后试桩方案现场时间限制，ϕ700mm 钻孔灌注桩试桩抗压兼抗拔，所以试桩不做破坏性试验。试桩检测结果汇总见表 3-39。

表 3-39 　　　　　　　　　　试桩静载荷试验结果汇总表

试桩桩号	桩径（mm）	静载日期	最大加载（kN）	桩顶最大沉降（mm）	单桩抗压极限承载力（kN）
SZ1（抗压）	800	5月10日	9360	113.12	9000
SZ2（抗压）	800	5月10日	9360	92.15	8640
SZ3（抗压）	800	5月16日	9360	85.18	9000
SZ5（抗压）	700	5月14日	7000	34.28	7000
SZ6（抗压）	700	5月12日	7000	29.49	7000
SZ7（抗压）	700	5月11日	7000	27.26	7000
SZ5（抗拔）	700	6月18日	3500	21.46	3500
SZ6（抗拔）	700	6月19日	3500	36.81	3500
SZ7（抗拔）	700	6月20日	3500	17.41	3500

试桩静载检测曲线见图 3-23、图 3-24。

根据检测结果，试桩均达到了设计要求，且桩身均未产生破损。从静载检测曲线可以看出，ϕ700 试桩桩头总体沉降量很小，均在 4cm 以下。在最大加载量 7000kN（抗压）加载时，曲线未出现陡降。这表明在最大加载量加载时，尚未达到极限状态。

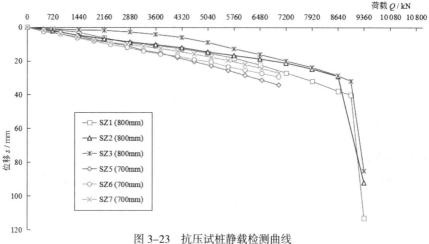

图 3-23　抗压试桩静载检测曲线

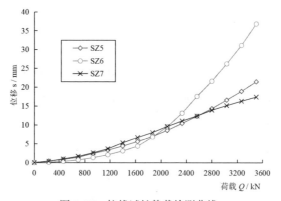

图 3-24　抗拔试桩静载检测曲线

3.4.6　工程桩情况

根据试桩结果和专家论证会结论，工程桩设计如下：

桩径 800mm 灌注桩，以⑥$_3$粉质黏土层或⑦$_2$粉质黏土层为桩端持力层，有效桩长 60m，单桩承载力特征值取值不应大于 4300kN。

桩径 700mm 灌注桩，以⑥$_3$粉质黏土层为桩端持力层，有效桩长 55m，单桩承载力特征值取值不应大于 3000kN，单桩抗拔承载力不应大于 1550kN。

根据我们搜集的工程桩设计图纸，汇总各类工程桩及底板设计参数见表 3-40。

表 3-40   工程桩承载力特征值

楼栋	桩径（mm）	桩长（m）	单桩承载力特征值 R_a（kN）	桩数（根）	筏板/承台厚度（mm）
6#	800	60	4100	110	900
7#	800	60	4100	94	900
8#	800	60	4100	79	800
9#	800	60	4100	111	1100
10#	800	60	4100	116	1100
11#	800	60	4100	87	900
大商业	700	55	3000（抗压）	—	地库 1000
			1550（抗拔）	—	塔楼 1200～2100

3.4.7　项目总结

（1）粉质黏土可以作为工程桩持力层，后注浆同样能够提升单桩承载力，根据本工程经验为不后注浆桩的 1.2 倍左右。

（2）注浆必须一气呵成，且注浆泵应一用一备，设备损坏导致注浆中断后，重新注浆压力飙升，或可导致水泥浆液从非桩底位置流失，起不到加固效果。

（3）优化效果显著，节约项目桩基直接成本约 10%，累计超 1500 万元，且节约大量工期。

3.5　安庆某高层住宅项目

3.5.1　工程概况

项目规划用地面积约 33.20 万 m^2，总建筑面积约 104.25 万 m^2，其中地上建筑面积约 79.08 万 m^2，地下建筑面积 25.17 万 m^2；主要建筑类型包括 29 层、32 层、33 层高层住宅，1～3 层商业，单层地库（人防，非人防）。项目效果见图 3-25。

受建设单位委托，我们对本工程的高层建筑的桩基础设计进行优化咨询。

图 3-25　项目效果图

3.5.2　工程及水文地质情况

3.5.2.1　工程地质情况

拟建场地现状为耕地，堆土区，沟塘等，现状地形起伏较大，实测钻孔孔口高程 9.52 ～ 17.73m。场地地貌单元属沿江平原，拟建场地内地基岩土构成层序自上而下为：

①层杂填土（Q_4^{ml}）：灰，灰褐色，湿，松散—稍密，主要由黏性土和建筑垃圾组成。层厚 0.40 ～ 13.00m，层底标高 4.03 ～ 11.69m。

②层粉质黏土（Q_4^{al}）：灰黄，湿，可塑，干强度及韧性中等。层厚 1.60 ～ 6.30m，层底标高 4.72 ～ 8.35m。

②₁层粉土（Q_4^{al}）：灰黄色，灰褐色，湿，稍密，含少量粉砂和粉质黏土薄层，摇振反应中等，干强度及韧性低。层厚 0.60 ～ 4.20m。

③层淤泥质粉质黏土（Q_4^{al}）：青灰色，湿，软塑，含少量粉土团块，干强度及韧性中等，含腐殖质。共 61 个钻孔，42 个钻孔分布，层厚 1.90 ～ 24.20m，层底标高 –17.76 ～ 6.56m。

③₁层粉质黏土与粉砂互层（Q_4^{al}）：青灰色，饱和，稍密，软可塑，含少量粉土团块，粉质黏土与粉砂呈互层状分布。层厚 1.10 ～ 9.30m，层底标高 –17.88 ～ 0.30m。

③₂层粉质黏土（Q_4^{al}）：灰，深灰色，湿，软可塑，含少量粉砂和粉土薄层，少量细砂颗粒，干强度及韧性中等。共 61 个钻孔，17 个钻孔分布，层厚

1.80 ～ 8.50m，层底标高 –17.86 ～ 8.41m。

④ 层粉细砂（Q_4^{al}）：青灰色，灰黄色，饱和，稍密，含少量粉土团块，主要成分石英、长石、云母等。共 61 个钻孔，45 个钻孔分布，层厚 1.80 ～ 11.90m，层底标高 –19.12 ～ 3.52m。

⑤ 层粉细砂（Q_4^{al}）：青灰色，灰黄色，饱和，中密，含少量粉土团块，主要成分石英、长石、云母等。共 61 个钻孔，61 个钻孔分布，层厚 1.70 ～ 18.00m，层底标高 –25.26 ～ –4.55m。

⑤$_1$ 层粉质黏土（Q_4^{al}）：灰褐，灰黄色，湿，可塑，含少量粉砂和粉土薄层，少量细砂颗粒，干强度及韧性中等。共 61 个钻孔，1 个钻孔分布，层厚 4.60m，层底标高 –22.02m。

⑥ 层粉细砂（Q_4^{al}）：青灰色，灰黄色，饱和，密实，含少量粉土团块，主要成分石英、长石、云母等。共 61 个钻孔，61 个钻孔分布，层厚 1.50 ～ 17.10m，层底标高 –30.77 ～ –20.60m。

⑦ 层中粗砂（Q_4^{al}）：灰—灰黄色，饱和，密实，含约 5% ～ 20% 直径 0.2 ～ 3cm 卵砾石，分布不均，含少量粉细砂，局部夹厚约 10-20cm 褐黄色粉土及粉质黏土薄层。共 61 个钻孔，61 个钻孔分布，层厚 1.50 ～ 22.30m，层底标高 –44.29 ～ –25.60m，层顶高程 –42.49 ～ –20.60m。

⑦$_1$ 层粉细砂（Q_4^{al}）：灰色，灰黄色，饱和，密实，含少量直径 0.2 ～ 2cm 砾石，分布不均，主要成分石英、长石、云母等。共 61 个钻孔，37 个钻孔分布，层厚 0.80 ～ 15.40m，层底标高 –44.80 ～ –27.70m，层顶高程 –43.30 ～ –25.60m。

⑦$_2$ 层砾砂（Q_4^{al}）：灰色，灰黄色，饱和，密实，含少量卵砾石，粒径 0.2 ～ 2cm，个别 3 ～ 4cm，含少量粉细砂，主要成分石英、长石、云母等。共 61 个钻孔，18 个钻孔分布，层厚 2.30 ～ 15.20m，层底标高 –48.71 ～ –29.72m，层顶高程 –44.29 ～ –26.82m。

⑦$_3$ 层圆砾（Q_4^{al}）：灰色，灰黄色，饱和，密实，含卵石直径约 3 ～ 5cm，含量约 20%，磨圆较好，分选性较好，主要成分石英、长石、云母等。共 61 个钻孔，6 个钻孔分布，层厚 4.00 ～ 7.80m，层底标高 –48.59 ～ –37.80m，层顶高程 –43.99 ～ –32.60m。

典型地质剖面见图 3-26。

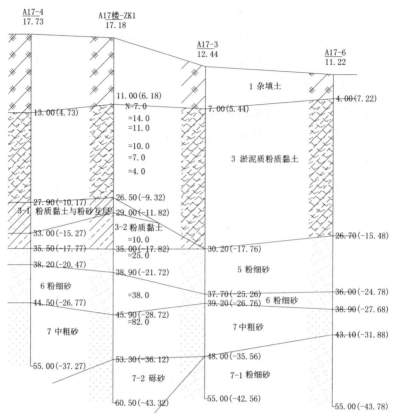

图 3-26 典型地质剖面图

与桩基相关的地基土物理力学参数指标见表 3-41。

表 3-41　　　　　地基土设计计算指标参考值

层号	岩土名称	标贯 N（击/30cm）	泥浆护壁钻孔灌注桩		双桥静探锥尖阻力 q_c（MPa）
			极限侧阻力标准值 q_{sik}（kPa）	极限端阻力标准值 q_{pk}（kPa）	
①	杂填土	3.0	—	—	1.20
②	粉质黏土	9.5	70	—	2.33
②₁	粉土	8.7	30	—	—
③	淤泥质粉质黏土	5.7	20	—	0.56
③₁	粉质黏土与粉砂互层	11.5	35	—	1.10
③₂	粉质黏土	10.4	60	—	0.78
④	粉细砂	12.3	35	700（15 ≤ L<30）	5.15

层号	岩土名称	标贯 N（击 /30cm）	泥浆护壁钻孔灌注桩		双桥静探锥尖阻力 q_c（MPa）
			极限侧阻力标准值 q_{sik}（kPa）	极限端阻力标准值 q_{pk}（kPa）	
⑤	粉细砂	23.9	50	900（$15 \leq L < 30$）	9.83
				1000（$30 < L$）	
⑤₁	粉质黏土	8.0	60	800	—
⑥	粉细砂	37.2	65	1100（$15 \leq L < 30$）	15.34
				1200（$30 < L$）	
⑦	中粗砂	61.2	90	2500	—
⑦₁	粉细砂	45.3	70	1500	—
⑦₂	砾砂	—	115	2600	—
⑦₃	圆砾	—	135	3000	—

3.5.2.2 水文条件

拟建场地地下水类型为上层滞水和潜水。上层滞水主要赋存于①层杂填土中，无自由稳定水面，主要补给来源为大气降水，地下水位随季节变化，并受地表水径流影响；潜水赋存于②层粉质黏土、③层淤泥质粉质黏土及其下部砂土层中，具微承压性，受气候影响小，水量丰富，通过大气降水、地表水下渗及地下水侧向径流补给，以侧向径流方式排泄。水位年变化幅度 2.00 ~ 3.00m。

3.5.3 原设计方案

对于拟建 18 ~ 33 层主楼建筑，原设计采用桩筏基础，桩径 800mm，单桩承载力特征值 3400kN。原设计方案中单桩承载力取值较低，无法实现墙下布桩，相应的筏板厚度较厚为 1.3m。

3.5.4 优化方案

场地中⑦层、⑦₁层、⑦₂层土分布较为稳定，根据原位测试及深度关系判断均为密实状态，工程力学性质佳，可作为联合持力层。

若采用⑦层、⑦₁层、⑦₂层作为拟建 29 ~ 33 层塔楼的桩基持力层，采用钻孔灌注桩桩型，选取适宜的钻孔成孔工艺及技术控制参数，并做好泥浆护壁工作，成桩施工难度不大，成桩质量也能得到有效控制。且持力层为砂层配合采用桩端后注浆工艺，可明显提高单桩承载力，极大地优化桩基、筏板工程量。桩基方案的单桩承载力宜通过静载荷试验方法进行确定。

根据本项目工程地质资料和大量类似工程经验，提出桩基优化方案，桩型参数见表 3-42。优化方案桩形地层位置剖面示意图如图 3-26 所示。

表 3-42　　　　　　　　　　　　优化桩型参数表

适用区域	桩径（mm）	有效桩长（m）	桩端持力层	预估单桩承载力特征值（kN）	后注浆量（t）
29～33 层	800	40/45/49	⑦/⑦₁/⑦₂	抗压 4300	4

优化方案与原设计方案对比见表 3-43。

表 3-43　　　　　　　　　　　优化方案与原设计方案对比

楼号	原特征值（kN）	原桩数	原桩长（m）	优化后特征值（kN）	优化后桩数	优化后桩长（m）
1	3400	114	33	4500	82	40
5	3400	112	45	4600	82	45
7	3400	109	39	4600	34	39
9	3400	109	33	4600	85	45
10	3400	112	45	4700	85	45
11	3400	112	45	4700	85	45
12	3400	122	40	4300	33	40
13	3400	109	40	4700	85	40
15	3400	112	35	4700	65	40
16	3400	114	45	4600	82	49
17	3400	114	43	4600	73	49

单桩承载力特征值提升后，桩基布置可以基本采用墙下布桩，可减少桩基数量，减小筏板厚度。总节约造价约 1155 万元。

3.5.5　试桩施工和静载

优化方案试桩设置 12 根钻孔灌注桩，2021 年 1 月 5 日至 1 月 20 日完成试桩施工（图 3-27），技术人员全程旁站指导试桩施工，试桩施工记录表见表 3-44。

表 3-44　　　　　　　　　　试桩施工记录表

试桩桩号	浇筑完成时间	后注浆时间	注浆量（t）	终止压力（MPa）
SZ1	1/16	1/25 10：10	4.0	2.5
SZ2	1/11	—	—	—
SZ3	1/9	1/23 9：10	3.5	2.5
SZ4	1/10	1/24 9：10	4.0	2.5
SZ5	1/5	1/10 11：30	3.0	1.71
SZ6	1/20	1/25 7：30	3.5	2.5
SZ7	1/7	1/12 10：10	0.25	1.5
SZ8	1/8	1/22 8：00	2.0	2.5
SZ9	1/9	1/24 10：00	4.0	1.5
SZ10	1/18	1/24 15：35	4.0	6.0
SZ11	1/7	1/25 13：35	5.0	2.5
SZ12	1/5	1/25 14：16	4.0	2.5

图 3-27　试桩施工照片

最终完成了 9 根钻孔灌注桩试桩静载检测，结果统计如见表 3-45。

表 3-45　　　　　　　　试桩静载结果统计表

试桩桩号	桩径 （mm）	有效桩长 （m）	最大加载 （kN）	桩顶最大沉降 （mm）	单桩抗压极限 承载力（kN）
SZ1	800	40	10 400	28.95	10 400
SZ2	800	40	10 400	21.34	10 400
SZ4	800	40	10 400	18.91	10 400
SZ5	800	45	10 400	16.68	10 400
SZ6	800	45	12 000	51.60	11 716
SZ8	800	45	10 400	1.99	10 400
SZ9	800	49	10 400	17.18	10 400
SZ11	800	49	10 400	37.55	10 400
SZ12	800	49	10 400	24.26	10 400

3.5.6　项目总结

（1）经专家评审会论证，依据本次试桩成果，ϕ 800 钻孔灌注桩配合桩端注浆工艺，桩基极限承载力可取 10 400kN（未扣除无效段侧摩阻），基本可满足墙下布桩需求。

（2）寒冷天气须做好注浆泵、注浆管防冻工作，防止延误清水劈裂时间，导致劈裂失败无法注浆。

（3）根据桩长、桩径计算确定首灌方量，并提前确认现场混凝土斗的体积是否足够，不够须要求更换混凝土斗体积。

（4）在本工程地质条件下，正常作业班组成桩速率通常在约 12h/ 根，过长的成孔时间将导致孔壁被泥浆浸泡软化，影响后期桩基承载力。

3.6　台山某商业项目

3.6.1　工程概况

项目规划总用地面积 653 702m²。拟建 1 栋 3 ～ 4 层购物中心（地下 1 层），1 ～ 6 层商业办公楼。地上共三层，局部四层。主要屋面结构标高为 15.5m。地

图 3-28　项目效果图

上建筑面积约 8 万 m^2。地下一层，主要为超市及地下停车库，长约 265m，宽约 116m，地下约 3 万 m^2。项目效果图见图 3-28。

在我们介入前，项目已进行了抗浮锚杆试验，试验结果不理想，需要采用抗拔桩满足抗浮要求，但抗拔桩造价远高于抗浮锚杆，因此受业主委托，我们对项目试桩试锚提供咨询服务。主要目的为：

（1）分析沉桩可行性并预判风险点。

（2）现场指导锚杆二次注浆的施工工艺。

（3）单桩、锚杆竖向抗拔承载力确定。

3.6.2　工程地质条件

拟建区域地貌单元为残丘及丘间谷地，场地地势稍有起伏，勘察期间实测孔口标高 7.59 ～ 31.87m，高差为 24.28m。至试桩试锚施工时，场地已进行整平，整平标高约 10.00m。根据勘察报告，场地岩土层自上而下划分为：人工填土（Q^{ml}）、第四系冲积层（Q^{al}）、第四系坡积层（Q^{dl}）、风化残积土层（Q^{el}）及寒武系基岩等五大类，分述如下：

①₁ 层人工填土层（Q^{ml}）：土性为素填土，呈杂色，主要由黏性土及碎石、岩块组成，松散—稍密状，堆填时间超过 5 年，回填方式为大方量堆填，局部压实。

②层第四系冲积层（Q^{al}）：该层由淤泥质粉质黏土、粉质黏土、粉砂、中砂等组成，分述如下：

②$_1$层淤泥质粉质黏土：深灰色，灰色，饱和，流塑状为主，局部软塑状，局部含粉砂。

②$_2$层可塑状粉质黏土：浅灰色、灰黄色等色，湿，可塑状，主要由黏粒及粉粒组成，黏性较好，土质均匀。

②$_3$层粉砂：灰黄色，灰色，松散状为主，局部稍密，饱和，含较多黏粒及中粗砂。

②$_4$层中砂：灰黄色、灰白色等色，饱和，松散—稍密状，以稍密状为主，分选性一般，局部含黏粒。

③层第四系坡积层（Q^{dl}）：该层揭露为粉质黏土，坡积而成。呈灰黄色、红褐色，稍湿，硬塑，黏性一般。

④层风化残积层（Q^{el}）：该层揭露为粉质黏土，为砂岩风化残积而成。呈灰黄色、红褐色，稍湿，硬塑，黏性一般。

⑤层寒武系基岩（∈）：场地基底为寒武系砂岩（∈）：在钻探深度揭露范围内，根据岩石的风化程度可划分为全风化、土状强风化、碎块状强风化、中风化四个风化岩带，现分述如下：

⑤$_1$层全风化砂岩：岩性为砂岩，灰黄色、红褐色等色，岩石风化完全，岩芯呈坚硬土状，浸水易软化，岩质软，强度低，局部夹较多强风化岩。坚硬程度为极软岩，完整程度为极破碎。岩体基本质量等级Ⅴ级。

⑤$_{21}$层土状强风化砂岩：岩性为砂岩，灰黄色、红褐色等色，岩石风化强烈，岩芯呈半岩半土状，局部碎块状，浸水易软化，岩质软，强度低，局部夹中风化岩块。坚硬程度为极软岩，完整程度为极破碎。岩体基本质量等级Ⅴ级。

⑤$_{22}$层碎块状强风化砂岩：岩性为砂岩，灰黄色、灰褐色等色，岩石风化强烈，岩芯呈碎块状，局部半岩半土状岩块易敲碎，岩质软，强度低，局部夹较多中风化岩块。坚硬程度为极软岩，完整程度为极破碎。岩体基本质量等级Ⅴ级。

⑤$_3$层中风化砂岩：岩性为砂岩，灰黄色、灰褐色、灰色等色，岩石裂隙发育，岩芯呈块状，柱状。坚硬程度为极软岩，完整程度为较破碎。该层风化不均匀，部分孔段夹有风化不均的强风化、微风化岩夹层。岩体基本质量等级为Ⅴ级。

场地典型地质剖面图见图3-29。

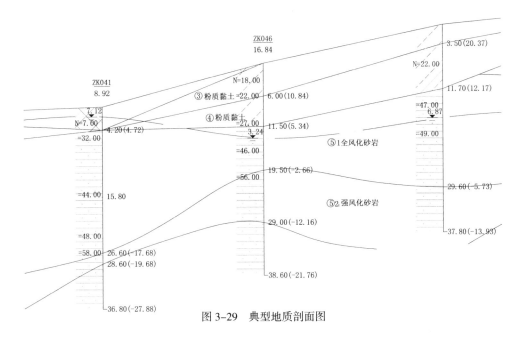

图 3-29　典型地质剖面图

根据勘察报告，各岩土层桩基参数见表 3-46，锚杆粘结强度参数见表 3-47。

表 3-46　　　　　　　　　　岩土层桩基参数一览表

层序号	岩土性	负摩阻力系数	抗拔折减系数	旋挖桩、钻（冲）孔桩			预应力管桩		
				桩侧摩阻力特征值 q_{sa}（kPa）	桩端承载力特征值 q_{pa}（kPa）		桩侧摩阻力特征值 q_{sa}（kPa）	桩端承载力特征值 q_{pa}（kPa）	
					$L<15$	$L>15$		$L<16$	$L>16$
①	素填土	0.25	0.35	8	—	—	12	—	—
②₁	淤泥质粉质黏土	0.2	0.30	8	—	—	12	—	—
②₂	粉质黏土	—	0.40	15	—	—	28	—	—
②₃	粉砂	0.35	0.40	10	—	—	15	—	—
②₄	中砂	—	0.45	18	—	—	25	—	—
③	粉质黏土	—	0.45	35	—	—	40	—	—
④	粉质黏土	—	0.50	40	—	—	42	—	—
⑤₁	全风化砂岩	—	0.55	55	—	—	75	2500	3000
⑤₂₁	土状强风化砂岩	—	0.60	80	800	1000	100	4000	4500
⑤₂₂	碎块状强风化砂岩	—	0.70	90	1200	1400	110	4500	5000
⑤₃	中风化砂岩	—	0.70	160	1600	1800	—	5000	5500

表 3-47　　　　　　　　　　　岩土层锚杆粘结强度参数表

层号	岩土性	土容重（kN/m³）	凝聚力 C（kPa）	内摩擦角 φ（°）	锚杆的极限粘结强度特征值 q_{sk}（kPa）	
					一次常压注浆	二次压力注浆
①	素填土	18.5	10	10	10	18
②₁	淤泥质粉质黏土	17.0	6	4	8	10
②₂	可塑状粉质黏土	19.0	14	12	20	30
②₃	粉砂	18.0	0	20	10	18
②₄	中砂	18.5	0	26	25	35
③	硬塑状粉质黏土	19.0	20	15	25	35
④	硬塑状粉质黏土	19.5	22	18	30	40
⑤₁	全风化砂岩	20.0	25	24	35	50
⑤₂₁	土状强风化砂岩	21.5	35	28	75	110
⑤₂₂	碎块状强风化砂岩	22.0	38	32	90	125
⑤₃	中风化砂岩	23.5	—	—	100	150

3.6.3　试桩试锚方案

3.6.3.1　沉桩可行性分析

拟建项目地貌单元为残丘及丘间谷地，地层尤其是基岩面起伏较大。目前项目场地已进行整平，整平标高约 10m，场地南部基岩直接出露，出露基岩为⑤₁全风化砂岩，部分区域为⑤₂₁土状强风化砂岩。

从场地施工条件及地层情况分析，预制管桩适用性较差，基岩强度较大，基岩出露区域沉桩难度巨大，同时由于基岩面起伏较大，桩长及停桩标准难以控制。

锚杆对地层适应性强，能较易穿过沉积层、全风化、强风化、中风化及微风化等软硬夹层，桩长及桩的入岩深度较易控制。

3.6.3.2　试桩方案

本次试桩共设置 4 组，每组包括 1 根抗压桩和 1 根抗拔桩，采用 PHC500AB125 型的 C80 预应力高强混凝土管桩。端承摩擦桩，采用锤击贯入法施工，桩底标高 -7.900m（绝对标高）。桩长为 18m，有效桩长 13.5m。试桩后确定桩承载力时，应扣除在基坑深度范围内的桩身摩阻力，并应考虑土方开挖后坑底土回弹对桩承载力的不利影响。试桩参数见表3-48。

表 3-48　　　　　　　　　　试桩参数一览表

桩号	孔点	最大加载量（kN）	加载类型	试桩顶绝对标高	试桩长度	持力层
Z2p	ZK034	5600	抗压	10.1m	18.0m	⑤全风化砂岩
Z2t		1500	抗拔			
Z3p	ZK061	5600	抗压			
Z3t		1500	抗拔			
Z5p	ZK054	5600	抗压			
Z5t		1500	抗拔			
Z6p	ZK068	5600	抗压			
Z6t		1500	抗拔			

3.6.3.3　试锚方案

本次试锚共设置5根，孔径200mm，纵筋采用3C32钢筋，锚杆长为16.5m，有效锚杆长12m，锚杆顶4.5m范围内采用护筒，以消除桩上部4.5m范围内与土摩阻。试锚采用二次注浆工艺，第一次注浆采用M5水泥砂浆，第一次灌注砂浆后4h开塞，间隔2h后第二次纯水泥注浆，注浆量宜为0.5t水泥，水灰比0.55，终止压力不小于3MPa。试锚参数见表3-49。

表 3-49　　　　　　　　　　试锚参数一览表

试锚编号	孔点	最大加载量	锚杆长度	有效长度	锚杆持力层
MG-1a	ZK037	720kN	16.5m	12m	⑤全风化砂岩
MG-2	ZK034	720kN			
MG-3	ZK061	680kN			
MG-4	ZK068	680kN			
MG-5a	ZK036	680kN			

3.6.4 试桩试锚施工

3.6.4.1 试桩施工情况

2019 年 4 月 11 日至 4 月 16 日，试桩施工完成，试桩施工情况统计如表 3-50 所示。

表 3-50 试桩施工情况统计表

桩号	施工时间		地面标高（m）	入土深度（m）	有效长度（m）
	开始施工	施工完成			
Z2p	11 日 14：10	11 日 15：10	9.80	14.65	10.45
Z2t	11 日 16：12	11 日 17：00	9.80	13.47	9.27
Z3t	14 日 9：30	14 日 10：45	9.48	11.75	7.87
Z3p	14 日 11：07	14 日 11：57	9.48	13.30	9.42
Z5t	16 日 14：40	16 日 15：44	10.70	6.10	1.00
Z5p	16 日 15：50	—	10.70	1.80	锤击时管桩滑动无法沉桩
Z6t	16 日 17：15	16 日 18：23	10.20	14.60	10.00
Z6p	16 日 18：30	16 日 19：14	10.20	15.15	10.55

整平后的自然地面标高约 10.2m，场地内的地层水平向差异巨大，竖直向起伏明显，导致试桩施工实际桩长长短不一，桩长及停桩标准难以控制。桩 Z5t、Z5p 所在区域出露地层为强风化砂岩，岩层强度较大沉桩困难，实际施工桩长仅 1.8m、6.1m，尚未超过设计基础承台底。

可见在该场地内，预制管桩适用性较差，基岩强度较大，基岩出露区域沉桩难度巨大，同时由于基岩面起伏较大，桩长及停桩标准难以控制。若采用机械引孔后沉桩，则成本巨大，耗费工期。故不建议采用预制桩基础形式。

3.6.4.2 试锚施工情况

2019 年 4 月 21 日至 4 月 23 日，进行了试锚施工，试锚施工情况统计见表 3-51，试锚地层剖面位置示意图见图 3-30—图 3-33。

表 3-51

试锚施工记录表

序号	施工日期	锚杆编号	地面标高（m）	孔深（m）	施工时间					二次注浆	
					钻孔	放钢筋	一次注浆	开塞	二次注浆	注浆量（t）	压力（MPa）
1	4/21	MG-2	9.8	16.3	9：50	11：52	12：40	16：30	18：35	0.15	5
2	4/22	MG-3	9.5	16.5	10：07	11：04	11：48	16：35	16：45	0.18	5
3	4/22	MG-4	10.2	16.9	14：48	17：40	20：10	0：06	0：21	0.21	4
4	4/23	MG-1a	9.5	16.1	10：39	11：20	11：57	16：04	16：18	0.47	4
5	4/23	MG-5a	9.6	16.2	13：51	14：27	15：00	18：58	19：19	0.93	2.2

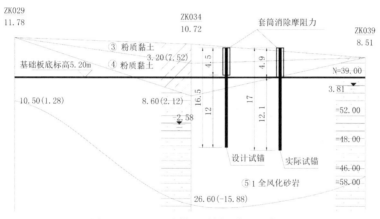

图 3-30 MG-2 试锚地层剖面位置示意图

图 3-31 MG-3 试锚地层剖面位置示意图

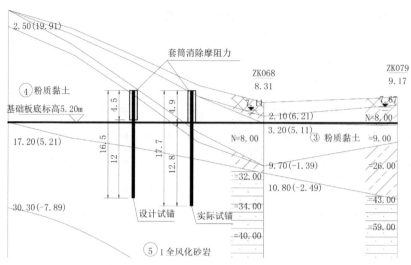

图 3-32 MG-4 试锚地层剖面位置示意图

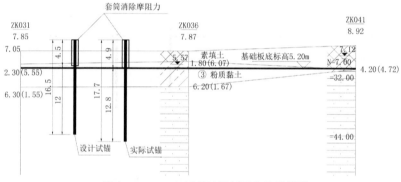

图 3-33 MG-5a 试锚地层剖面位置示意图

3.6.5 试桩试锚成果

3.6.5.1 试桩抗压试验

本工程 2019 年 5 月对抗压试桩采用慢速维持荷载法进行了单桩竖向抗压静载荷试验，各试桩抗压试验结果如表 3-52 所示。

表 3-52 　　　　　　　试桩抗压试验结果汇总表

桩号	桩径（mm）	桩长（m）	试验最大荷载（kN）	最大沉降量（mm）	回弹率（%）	单桩竖向抗压承载力极限值（kN）
Z2P	500	14.65	6150	15.80	56.39	≥6150
Z3P	500	13.30	6000	5.69	39.54	≥6000
Z6P	500	15.15	6000	15.81	65.15	≥6000

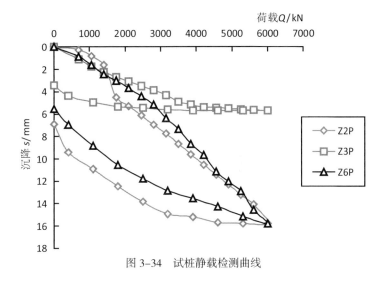

图 3-34　试桩静载检测曲线

典型的静载试验成果曲线见图 3-34。

3.6.5.2　试锚抗拔试验

2019 年 5 月对试锚进行了竖向抗拔静载荷试验，试验结果见表 3-53。

表 3-53　　　　　　　　　　试锚抗拔试验结果汇总表

试锚编号	孔径 （mm）	孔深 （m）	有效长度 （m）	试验最大荷载 （kN）	最大上拔量 （mm）	锚杆抗拔极限承载力 （kN）
MG-4	200	16.92	12.63	1087	40.70	1043
MG-2	200	16.30	12.32	1178	46.63	1133
MG-3	200	16.53	12.21	951	26.00	≥ 951

典型的静载试验成果曲线见图 3-35。

根据静载荷试验结果，本次试锚有效长度 12m，抗拔承载力极限值可取 936kN，抗拔承载力特征值为 468kN。

3.6.6　基础设计建议

根据本次试桩试锚静载荷试验结果，考虑本工程详勘阶段原位测试成果、地层条件、试桩试锚施工情况、类似工程经验和专家意见，综合成本控制及工期等因素，对本项目工程基础设计提供以下建议：

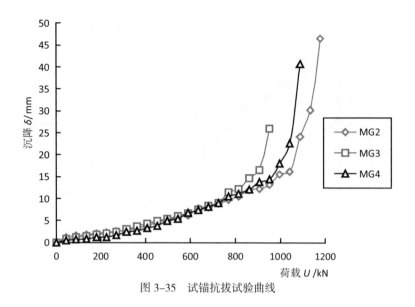

图 3-35　试锚抗拔试验曲线

（1）本工程建议采用天然地基＋抗浮锚杆基础方案，锚杆体建议使用整根 12m 钢筋，锚杆有效长度 11m，孔径 200mm，锚杆抗拔承载力特征值建议取 300kN。

（2）锚杆施工采用二次注浆工艺，第一次注浆采用水泥砂浆，第一次灌注砂浆后 4h 开塞，开塞后即刻进行第二次纯水泥注浆，水灰比 0.55，二次注浆量应不小于 0.5t 水泥或注浆压力不小于 3MPa。

（3）基坑开挖后及时浇筑垫层，并做好降排水措施防止地表水下渗软化地基土。

（4）抗浮水位可根据室外地面标高取梯度水位优化基础设计。

3.7　常德某超高层办公楼项目

3.7.1　工程概况

拟建项目为超高层塔楼，地上 31 层，地下一层为车库，建筑高度 149.4m，为当时常德第一高楼。地面绝对标高为 30.08 ～ 32.06m，项目效果图见图 3-36。

受业主委托，我们对该超高层建筑物的基础及基坑支护降水工程提供设计咨询顾问及驻场指导服务。

图 3-36　项目效果图

3.7.2　工程及水文地质情况

场地原始地貌单元属沅江冲积阶地，经人工改造，原始地形已改变，现已填方平整，地势平坦。场地略有起伏，勘探施工期间测得各钻孔孔口标高介于 30.08 ～ 32.06m。

根据地质钻探揭露，并结合室内土工试验，拟建场地内各岩土层自上而下依次描述如下：

①$_1$ 层素填土：褐黄、褐红色，主要由黏性土混 10% ～ 30% 碎石，局部混少量砖、混凝土块等建筑垃圾，系新近堆填而成，密实度不均匀，呈稍湿～湿，结构松散，未完成自重固结。层厚 0.50 ～ 4.90m。

①$_2$ 层杂填土：褐灰、灰黄、褐红等杂色，主要分布于基坑周边钻孔，主要由碎石、混凝土块等建筑垃圾组成，不均匀含 10% ～ 30% 的黏性土，系新近回填而成，未经压实，呈湿、松散状态。层厚 0.50 ～ 4.70m。

② 层植物层：浅灰，灰黄色，主要由黏性土组成，含少量植物根茎，湿，呈松散状态。层厚 0.50 ～ 0.70m。

③ 层淤泥质粉质黏土：灰黑、灰褐色，含少量有机质，软塑状态。切面较光滑，摇振无反应，干强度高，韧性中等。层厚 0.90 ～ 5.00m。

④ 层粉质黏土：褐黄、灰褐色，底部呈青灰色，呈可—硬塑状态，光泽反应稍有光泽，摇振无反应，干强度和韧性中等。层厚 0.70 ～ 7.00m。

⑤ 层淤泥质黏土：灰黑、灰褐色，软塑状态，含 5% ～ 10% 粉砂，光泽反应稍有光泽，摇振无反应，韧性较高，干强度中等。层厚 0.90 ～ 9.80m。

⑥ 层粉土：灰黑、灰褐色，呈饱和，稍密－中密状态，无光泽反应，摇振反应中等，韧性低，干强度低。层厚 0.50 ～ 4.30m。

⑦ 层圆砾：青灰、灰褐色、灰白色，石英质，呈亚圆—圆形，混少量黏性土，局部混 30% ～ 40% 黏性土，卵石含量 10% ～ 30%，卵石一般粒径 2.0 ～ 10.0cm。局部分布漂石（粒径大于 20cm），呈饱和，中密—密实状态。场地内所有钻孔均遇见该层并进入该层一定深度，揭露层厚 7.00 ～ 51.30m。

⑧ 层粉质黏土：灰褐、青灰色，软—可塑状态，局部呈褐黄夹褐红，可塑状态。光泽反应稍有光泽，摇振无反应，干强度和韧性中等，层厚 0.60 ～ 7.70m，该层以夹层或镜体形式分布于⑦层圆砾中。

与桩基相关的地基土物理力学参数指标见表 3-54。

表 3-54　　　　　　　　　　　地基土设计计算指标参考值

地　层	长螺旋钻孔灌注桩		预应力管桩		抗拔系数
	桩的极限侧阻力标准值 q_{sik}（kPa）	桩的极限端阻力标准值 q_{pk}（kPa）	桩的极限侧阻力标准值 q_{sik}（kPa）	桩的极限端阻力标准值 q_{pk}（kPa）	
①₁层人工填土	—	—	—	—	—
①₂层人工填土	—	—	—	—	—
②层植物层	55	—	40	—	0.70
③层淤泥质粉质黏土	30	—	35	—	0.70
④层粉质黏土	75	—	80	—	0.75
⑤层淤泥质黏土	30	—	35	—	0.70
⑥层粉土	50	—	55	—	0.70
⑦层圆砾	140	5000	180	8000	—
⑧层粉质黏土	50	—	55	—	0.70

注：1）当采用上表中桩基指标时，建议进行一定数量的试验校核。

2）人工填土的负摩阻力系数 ξ_n 取 0.25。

本工程典型工程地质剖面见图 3-37。

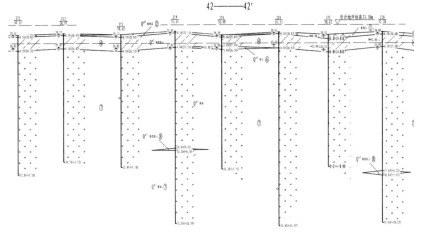

图 3-37　典型工程地质剖面图

3.7.3　原设计方案

B-3# 栋写字楼如采用桩基，则桩长范围基本处于⑦层圆砾层中。但根据原勘察报告参数，⑦层圆砾层对于长螺旋钻孔灌注桩的桩侧摩阻力为 140kPa，桩端阻力为 5000kPa。则根据原勘察报告计算，对于桩径 1m，桩长 18m 的长螺旋钻孔灌注桩，单桩承载力特征值仅为 5727.3kN。

3.7.4　优化方案

根据相关工程经验及数据分析，认为该单桩承载力有较大的提升空间，可以采用桩端后注浆工艺，单桩承载力特征值可以达到 9000kN。建议通过试桩进行验证。在进行基础方案论证时，针对 B-3# 栋的基础方案提出了以下咨询意见：

（1）根据土层和地下水埋深及周边环境条件，塔楼（高度 150m）设计拟采用钻孔灌注桩方案，方案总体上可行。

（2）如选用钻孔灌注桩方案，宜采用 ϕ1000，桩长 20m，单桩抗压承载力特征值可取 9000kN（桩端后注浆工艺，注浆量不小于 5t 水泥，分两次注入，间隔时间约 2h，如⑦层含水层有地下水流动，应在第一次注浆中掺入 20% 的膨润土）。建议通过试桩确定单桩极限承载力和注浆工艺参数。

3.7.5 试桩情况

3.7.5.1 试桩工艺

试桩采用 ϕ1000 长螺旋压灌桩，桩端持力层为第⑦层圆砾层，桩径 1.0m，有效桩长 18m，桩顶位于地面下 5～6m 深度处。单根桩注浆量按照 5t 设计。两次注浆，第一次注浆 70% 左右，第二次注浆 30% 左右。两次注浆间隔时间 2h 左右，注浆压力不宜小于 3MPa。如果注浆压力过小，宜采用间歇注浆，并适当提高注浆量 1t。注浆速度 ≤ 50L/min，水泥浆的水灰比控制在 0.6～0.7。分次注浆中，前 1～2t 浆掺入 20% 膨润土，掺量按照水泥重量计算（比如 1t 水泥配 0.2t 膨润土）。

3.7.5.2 试桩静载荷试验方案

对 B-3 栋写字楼 3 根试桩进行了静载试验检测，试桩平面图如图 3-38 所示，桩径均为 1.0m，桩长均为 18m，设计桩顶标高 26.0m（场地标高约 30.08～32.06m），试桩加载前，需开挖到试桩桩顶位置并处理好桩头，而后进行加载。

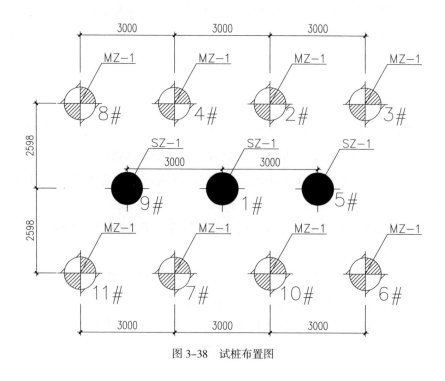

图 3-38　试桩布置图

抗压试桩 SZ-1 预估单桩抗压承载力特征值 9000kN（极限值 18 000kN）。抗压试桩最大加载值 25 000kN。

本次试验采用锚桩堆重联合反力装置，由主梁、次梁和工字梁搭成堆码平台，均匀堆放混凝土试块作为荷载体构成加载反力系统。抗拔锚桩 MZ-1 预估单桩抗拔承载力特征值 4500kN。

3.7.5.3 试桩静载荷试验结果

检测结果汇总见表 3-55。

表 3-55　　　　　　　　B-3# 写字楼试桩静载荷检测结果

桩号	桩径（mm）	桩长（m）	最大加载量（kN）	总沉降（mm）	回弹率（%）	单桩承载力特征值（kN）
1	1000	18	25 000	21.26	40.17	9000
5	1000	18	25 000	20.93	45.15	9000
9	1000	18	25 000	24.70	21.78	9000

三根桩的静载荷试验曲线见图 3-39。

试验数据显示，在预估最大加载值 25 000kN 的加载下，桩基总沉降量较小，加载曲线也未出现明显的陡降，因此单桩承载力是完全可以达到 9000kN 的，甚至还有一定的提升空间。

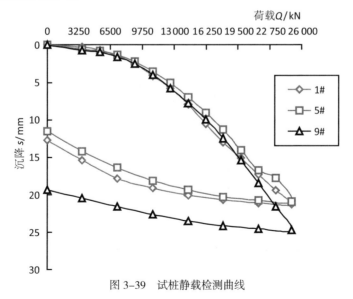

图 3-39　试桩静载检测曲线

在桩基施工蓝图中，单桩抗压承载力特征值进一步提高到了 10 000kN，相比最初根据勘察报告计算的 5727.3kN 提升巨大。

3.8 温州某高层住宅项目

3.8.1 工程概况

项目包含 1# ～ 3# 和 5# ～ 13# 共 12 栋 32 ～ 33 层高层住宅和 2 层商业楼，以及地下车库等。受建设单位委托，我们对高层住宅桩基工程进行优化咨询。项目效果图见图 3-40。

3.8.2 工程及水文地质情况
3.8.2.1 工程地质情况

根据勘察报告，场地原地貌为浅海，后由于多年的鳌江口冲淤积作用逐渐向滩涂过渡，并经约二十多年的围堤填海（先期为填筑墨城工业区，2009 年前后开始围堤造陆），形成现在的陆域。根据已钻探揭露的地层情况，场区岩土层自

图 3-40　本次咨询楼栋位置示意图

上而下可分为9层，分别为：

①层人工活动成因，分为：①层人工填土、①$_1$层素填土和①$_2$层素填土。

②层分为：②$_1$层淤泥夹粉砂、②$_2$层淤泥和②$_3$层淤泥。

③层分为：③$_1$淤泥质黏土和③$_2$卵石。

④层分为：④$_1$层黏土、④$_2$层黏土及④$_3$层卵石。

⑤层分为：⑤$_1$层粉质黏土、⑤$_3$层卵石、⑤$_4$层黏土、⑤$_5$层卵石。

⑥层分为：⑥$_1$层黏土、⑥$_3$层卵石。

⑦层分为：⑦$_1$层黏土、⑦$_2$层卵石。

⑧层为：⑧$_1$层黏土。

⑩层基岩层分为：⑩$_2$层强风化基岩、⑩$_3$层中风化基岩等组成。

典型地质剖面见图3-41。

与桩基相关的地基土物理力学参数指标见表3-56。

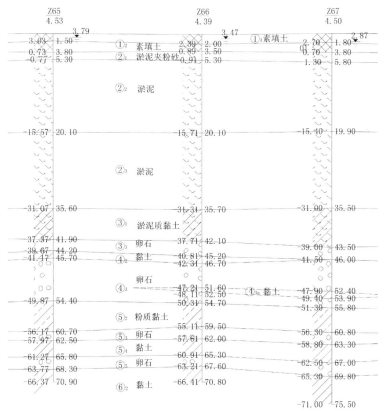

图 3-41 典型地质剖面图

表 3-56 　　　　　　　　　地基土设计计算指标参考值

地层编号	地层名称	地基承载力 f_{ak}（kPa）	桩侧土阻力特征值 q_{sia}（kPa）		桩端土阻力特征值 q_{pa}（kPa）	
			预制桩	灌注桩	预制桩	灌注桩
①₂	素填土	40	4	4	—	—
②₁	淤泥夹粉砂	45	5	4	—	—
②₂	淤泥	50	6	5	—	—
②₃	淤泥	55	9	8	—	—
③₁	淤泥质黏土	65	11	10	—	—
③₃ₐ	粉土	140	27	24	—	—
③₃	卵石	350	50	45	4000	1500
④₁	黏土	130	24	21	700	230
④₂	黏土	110	22	19	550	180
④₃	卵石	350	50	45	4500	1800
④₃ₐ	黏土	120	23	20	600	200
⑤₂	粉质黏土	130	25	22	700	230
⑤₃	卵石	400	50	45	4500	2000
⑤₄	黏土	130	25	22	700	230
⑤₅	卵石	400	50	45	4500	2000
⑤₅ₐ	中砂	200	37	32	1500	500
⑥₂	黏土	140	26	23	800	270
⑥₃	卵石	450	55	50	5000	2200
⑦₁	黏土	170	27	24	900	300
⑦₂	卵石	450	55	50	5000	2200
⑧₁	黏土	170	28	25	1000	300
⑩₂	强风化基岩	600	—	70	—	2000
⑩₃	中风化基岩	2500	—	110	—	4500

注：表中带"*"为变形模量经验值，局部中砂夹层的参数可按⑤₅ₐ层取值。

3.8.2.2　水文条件

1）上层滞水

赋存于人工填土中，埋藏深度不一，无统一水位，主要由大气降水补给，排泄以蒸发为主。

2）孔隙潜水

其透水性与土层的颗粒组成有关，主要赋存于人工填土、淤积软土、黏性土中；高程一般为 2.30 ～ 3.95m，本区地下水年变化幅度较小，一般在 1 ～ 2m。

3）承压水

主要分布于深部冲积相的③₃、④₃、⑤₃、⑥₃、⑦₂层卵石层中：具强透水性和富含水性，承压水头约在现地面以下 5m；承压水的补给、排泄方式主要通过侧向渗透。地下水在一般情况下，对基础设计和施工有一定影响，基础施工时，需采取优质泥浆护壁，保证孔内、外的水压力平衡，并做好水下浇灌混凝土的保护工作。

3.8.3 原设计情况

原设计中，8 幢 30 ～ 33 层高层住宅楼，均为桩 + 筏板基础，桩径 $\phi 750$、$\phi 800$，桩长约 80m，以⑥₂层黏土或⑥₃层卵石作为桩端持力层。在试桩施工过程中遇到如下困难：

旋挖钻孔试成桩施工遇地层深部密实状⑤₃层卵石、⑤₅层卵石时，钻杆抖动严重、声响异常，钻齿磨损严重；现场经分别采用双层底钻斗、分体式钻斗、筒式钻斗对卵石层进行钻挖，进尺均缓慢（200 ～ 300mm/h），无法穿透卵石层。试成桩单桩施工 2.5d，进尺仅 65m 左右（进入⑤₃层卵石内约 5m），距设计孔深差 16.7 ～ 18.0m，不能满足设计孔深要求。

后期施工采用了旋挖成孔到 65m 左右，然后采用冲孔钻机冲孔至设计桩长，单桩施工工期 4 ～ 5d，工期较长，工程造价较高。

现场取芯照片见图 3-42。

3.8.4 优化方案

本次桩基咨询工作范围为拟建 3#、5#、9# 和 10# 四栋 33 层住宅楼，高层住宅荷载较大，该项目设有整体地下室；由于地下水埋深较浅，多层住宅、商业及地库所受地下水浮力较大；场区浅层主要为淤泥和淤泥质土，承载力较低。

3.8.4.1 持力层分析

高层住宅建议持力层选择④₃层卵石，该层顶埋深 44.5 ～ 48.6m，大部分孔层顶分布在埋深 46 ～ 47m，④₃层卵石的平均厚度 7.86m，分布较均匀，详见表

图 3-42　⑤₃层卵石层卵石照片

3-57。可选择该层作为拟建高层住宅的桩基持力层。

表 3-57　　　　　　　各钻孔中④₃层卵石分布情况统计表

持力层	对应楼号	9# 楼			10# 楼		3# 楼			5# 楼	
	孔号	Z135	Z136	Z137	Z138	Z139	Z67	Z68	Z49	Z69	Z70
④₃层	孔口标高（m）	4.23	4.34	4.22	4.88	4.21	4.50	4.57	5.21	4.42	4.20
	层顶埋深（m）	46.1	46.7	46.1	46.9	46.9	46.0	46.8	45.8	46.1	44.5
	层底埋深（m）	54.5	55.1	54.2	54.5	54.5	55.8	56.0	55.0	54.4	49.5
	厚度（m）	8.4	8.4	8.1	7.6	7.6	9.8	9.2	9.2	8.3	5.0
④₃层	孔号	Z158	Z159	Z160	Z161	Z162	Z50	Z51	—	Z52	—
	孔口标高（m）	4.05	4.09	4.09	4.18	4.75	4.53	4.51	—	4.02	—
	层顶埋深（m）	48.6	47.4	46.5	45.9	46.1	45.8	47.6	—	45.3	—
	层底埋深（m）	55.4	55.3	52.8	53.0	53.7	53.9	54.4	—	54.6	—
	厚度（m）	6.8	7.9	6.3	7.1	7.6	8.1	6.8	—	9.3	—

3.8.4.2 基础选型

本工程场地上部地基土主要为性质较差的人工填土、淤泥质软土和卵石层，考虑到预制桩受穿透能力、桩长、桩径影响及其挤土破坏作用，且勘察深度内揭露的持力层主要为深部的卵石层，部分土层分布不均匀，埋藏深度较大，钻（冲）孔灌注桩在桩长、桩径及持力层的确定和选择上自由度较大，大直径灌注桩能提供较大承载力，故建议采用灌注桩方案。考虑到桩底沉渣和提高桩端承载力需要，需采用桩端二次后注浆进一步提高单桩承载力。

3.8.4.3 桩基优化建议

原设计方案中 800mm，桩长 80m，桩端进入⑥₂层粉质黏土底部，单桩承载力特征值为 3800kN。

我们根据类似项目经验和分析，建议 3#、5#、9# 和 10# 楼采用 800mm 直径灌注桩，选择④₃层卵石层作为桩端持力层，桩长 48m。通过采用桩端二次后注浆技术，单桩竖向承载力极限值不低于 8400kN。

考虑到④₃层之下卧层较软弱，沉降可能不满足设计要求等问题，对下卧层进行了沉降验算。根据《建筑桩基技术规范》（JGJ 94-2008）第 5.5.6 节，计算桩基沉降时，桩端下各层土的压缩模量应采用地基土在自重压力至自重压力加附加压力作用时的压缩模量，桩端下压缩模量当量 Es 计算约为 24MPa，采用 mindlin 解应力影响系数进行计算沉降，可以得到各楼座的沉降情况见表 3-58。

表 3-58　　　　　　　　各楼座沉降情况分析表

楼号	孔号	基础长	基础宽	桩长	桩数	沉降经验系数	压缩层厚	沉降
		L_c（m）	B_c（m）	L（m）	n（根）	ϕ_s	Z（m）	s（mm）
3#/5#	Z51	40	17	48	84	0.61	9.6	56
9#	Z137	58	16	48	120	0.61	11.1	63
10#	Z139	42.3	16.8	48	91	0.61	10.3	73
备注	—	—	—	—	—	桩基规范 5.5.9	—	≤ 150

可见各楼座沉降计算结果均能满足设计需要。

原方案与优化方案经济性分析见表 3-59。

表 3-59　　　　　　　　　　　原方案与优化方案经济性分析表

建筑物	预估总荷载（kN）	原方案预估总桩数（根）	原方案预估混凝土方量（m³）	优化后预估总桩数（根）	优化后预估混凝土方量（m³）	原方案预估总造价（万元）	优化后总造价（万元）	节约造价（万元）
3#	238 000	78	2625.54	74	1598.64	393.83	239.80	154.04
5#	238 000	78	2625.54	74	1598.64	393.83	239.80	154.04
9#	348 200	114	3837.33	108	2333.15	575.60	349.97	225.63
10#	260 500	85	2861.17	81	1749.86	429.18	262.48	166.70
总计	1 084 700	355	11 949.58	337	7280.28	1792.44	1092.04	700.40
备注	按单层15kPa考虑	布桩系数1.28	有效桩长67m，充盈系数1.0	布桩系数1.30	有效桩长43m，充盈系数1.0	按折合混凝土综合单价1500元考虑	—	

3.8.5　试桩情况

3.8.5.1　试桩工艺

试桩桩径 800mm，进入④₃层卵石层不小于 1m（根据地勘资料，试桩位置④₃层卵石分布均匀，厚度大多在 6～8m，按地勘时地面标高此处统一采用 48m 桩长，实际施工根据具体标高调整），混凝土等级 C45，采用后注浆工艺，每根桩注纯水泥 4t，水灰比 0.55。采用二次注浆，第一次注 2.5t 水泥，第二次注 1.5t 水泥，注浆时间间隔 3～5h。试桩采用静载荷试验检验承载力，设计加载量 8400kN，到达设计加载量后继续加载，采取破坏性试桩。

3.8.5.2　试桩施工

由于场地与勘察时标高有变化，桩长根据进入持力层要求调整。

8 月 23 日，2# 号（9#-1）试桩施工完成。施工桩长 46.2m。

8 月 24 日，3# 号（3#-1）试桩施工完成。施工桩长 47.0m。

9 月 06 日，1# 号（PS4）试桩施工完成。施工桩长 48.56m。

9 月 10 日进行 1# 试桩桩端后注浆，9 月 14 日进行 2#、3# 试桩试桩桩端后注浆。每根桩均注水泥 4t。注浆统计见表 3-60。

表 3-60　　　　　　　　　　　　注浆统计表

注浆阶段	桩号	注浆管编号	注浆量（t）	终止压力（MPa）	注浆时间	注浆速率（L/min）
第一次注浆	A1（PS4）	1	2.5	2.5	14：56-16：10	～31
	2#（9#-1）	1	2.5	2.0	15：00-16：10	～44
	3#（3#-1）	1	2.5	0.5	11：00-12：00	～44
第二次注浆	1#（PS4）	2	1.5	1.8	18：46-19：19	～41
	2#（9#-1）	2	1.5	1.0	19：00-19：30	～44
	3#（3#-1）	2	1.5	0.5	16：25-17：00	～44

3.8.5.3　试桩静载荷试验

试桩施工完成后 3d，施工单位对桩头进行处理，凿除浮浆，浇筑桩帽。静载荷试验采用慢速法加载，设计加载量 8400kN，分 9 级加载，第一次加载 1680kN，以后每级加载 840kN，超过 8400kN 后继续按每级 420kN 加载，直至破坏。

A1（PS4）号试桩自 10 月 1 日 13：15 起开始加载，设计荷载 8400kN，该级于 10 月 2 日 19：26 左右结束，总沉降量约 8.33mm，最后一级 9240kN 于 10 月 2 日 22：58 左右加载结束，总沉降量 82.35mm。静载检测曲线见图 3-43。

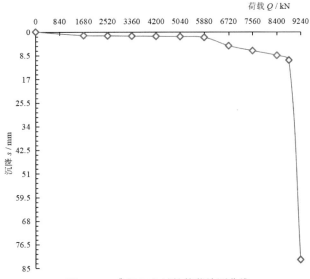

图 3-43　8#（PS4）试桩静载检测曲线

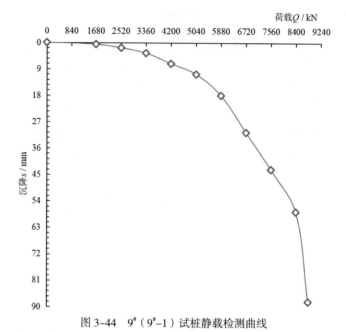

图 3-44 9#（9#-1）试桩静载检测曲线

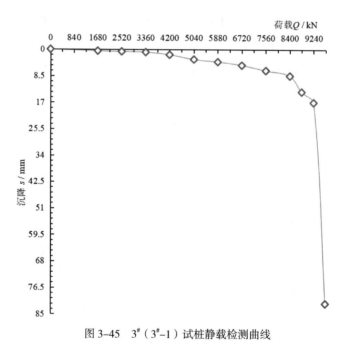

图 3-45 3#（3#-1）试桩静载检测曲线

2#（9#-1）号试桩自 10 月 5 日 15：47 起开始加载，设计荷载 8400kN，该级于 10 月 6 日 20：52 左右结束，总沉降量约 57.40mm，最后一级 8820kN 于 10 月 6 日 22：48 左右加载结束，总沉降量 88.00mm。静载检测曲线见图 3-44。

3#试桩（3#-1）号试桩自 10 月 8 日 9：31 起开始加载，设计荷载 8400kN，该级于 10 月 8 日 23：26 左右结束，总沉降量约 8.05mm，最后一级 9660kN 于 10 月 9 日 3：58 左右加载结束，总沉降量 80.33mm。静载检测曲线见图 3-45。

三根试桩检测结果汇总见表 3-61。

表 3-61　　　　　　　　试桩静载荷试验结果汇总表

序号	桩号	测试日期	设计承载力特征值（kN）	最大试验荷载 Q_{max}（kN）	最大试验荷载对应的沉降量 S_{max}（mm）	极限承载力（kN）	终止加载原因
1	A10-1#	2020-10-01	4200	9240	82.35	8820	破坏性实验
2	A10-2#	2020-10-05	4200	8820	88.07	8400	破坏性实验
3	A10-3#	2020-10-08	4200	9660	80.33	9240	破坏性实验

根据检测结果，三根试桩在达到设计极限承载力 8400kN 时均未发生破坏。

3.8.6　工程桩情况

3.8.6.1　工程桩设计

根据试桩结果，从荷载 – 沉降（Q-s）及 s-Lgt 曲线可看出三根试桩在 8400kN 荷载作用下未达到极限承载状态，故三根试桩的单桩竖向抗压极限承载力取 8400kN，则桩基承载力特征值为 4200kN。

根据咨询报告和专家意见，设计单位按照 800mm 直径钻孔灌注桩（结合桩端二次后注浆工艺）单桩承载力特征值取 3800kN 进行设计出图。

3.8.6.2　工程桩检测

现场实施完成后，对 3#、5#、9# 和 10# 楼按规范分别抽取 3 根、2 根、3 根、2 根进行了基桩静载荷试验，试验结果承载力满足设计要求，详见表 3-62。

表 3-62 　　　　　　　　　　　　　　**工程桩静载荷试验结果**

试验桩号	桩径（mm）	桩身强度	试验桩长（m）	设计承载力特征值（KN）	最大加载至（KN）	是否合格
3A7#	800	C35	46	3800	7700	是
3A42#	800	C35	46	3800	7700	是
3A86#	800	C35	46	3800	7700	是
5-35#	800	C35	46	3800	7700	是
5-69#	800	C35	46	3800	7700	是
9A25#	800	C35	46.5	3800	7700	是
9A112#	800	C35	46	3800	7700	是
9A75#	800	C35	46	3800	7700	是
10-19#	800	C35	46	3800	7700	是
10-53#	800	C35	46	3800	7700	是

桩基工程完成后，在上部结构施工过程中对建筑物沉降进行了跟踪监测，详见表 3-63。监测结果显示 3#、5#、9# 和 10# 楼至建筑物封顶沉降已基本稳定，总体沉降量较小，4 栋楼最大沉降在 10 ~ 11mm，最大差异沉降在 3 ~ 4mm，桩基承载力及沉降指标均满足规范要求。

表 3-63　　　　　　　　　　　**3#、5#、9# 和 10# 楼沉降监测（至封顶）**

楼号	层数	最大沉降（mm）	最小沉降（mm）	平均沉降量（mm）
3#	33	11.0	8.0	9.2
5#	33	11.0	7.0	9.0
9#	33	10.0	8.0	8.6
10#	33	11.0	8.0	9.6

3.8.7 项目总结

33 层住宅楼采用直径 800mm 的钻孔灌注桩，以④₃层卵石层作为持力层，桩端进入④₃层卵石层不小于 2 倍桩径，结合二次桩端后注浆工艺，其桩基承载力特征值可取 3800kN。经静载检测和沉降监测验证，桩基承载力满足设计要求。

优化后桩长约 48m，较原设计桩长 80m 大幅减小，方案更加经济，同时可以降低施工难度，大幅缩短工期。

3.9 温州某超高层办公楼项目

3.9.1 工程概况

项目为 58 层超高层酒店办公楼，高度为 248m，核心筒结构，下设三层地下室。项目效果图见图 3-46。

受建设单位委托，我们对本超高层建筑地基基础设计提供咨询服务。

3.9.2 工程及水文地质情况
3.9.2.1 工程地质情况

根据《温州市核心片区开发区西单元 D-03a、D-03b、D-05 地块岩土工程勘察报告》内容可知，本场地在勘探深度范围内岩土层可划分为 8 个工程地质层及 17 个亚层，岩性特征自上而下分布如下：

① 层全新统上组现代人工填积层及河湖相表层黏性土（Q_{43}），分为两个亚层：

① $_{11}$ 层杂填土（Q^{ml}）：原地表填土回填时间约十年以上。组成成分混杂，

图 3-46 项目效果图

土性很不均匀，主要由碎块石、建筑垃圾及黏性土、砂性土等组成，局部见有地下障碍物，如钢筋混凝土地梁、废桩、旧管道等。

①$_{12}$层杂填土（Q^{ml}）：地下室回填区的人工回填物，回填时间1年以内。杂色、灰色，主要由周边建筑废土混少量建筑垃圾、碎块石等回填，建筑废土以黏土、淤泥为主；松散—稍密、中—高压缩性。

①$_2$层黏土（Q_{43}^{lh}）：浅灰黄色，含较多腐殖质及粉砂，见有较多铁锰质氧化斑；现场十字板剪切试验峰值强度平均值为28.32kPa；残余强度平均值为5.03kPa；单桥静力触探p_s值平均值为0.47MPa；软—可塑、高—中压缩性。

②层全新统中组浅海相（Q_{42}），分为三个亚层：

②$_1$层淤泥（Q_{42}^m）：青灰色，含少量腐殖质，不均匀地夹有薄层粉砂，零星见有贝壳碎片。现场十字板剪切试验峰值强度平均值为22.11kPa；残余强度平均值为4.46kPa；静力触探p_s值平均值为0.45MPa。流塑、高压缩性、高灵敏度。

②$_2$层淤泥（Q_{42}^m）：青灰色，含少量腐殖质、贝壳残片，不均匀地夹有薄层粉砂，力学性质较上层好。现场十字板剪切试验峰值强度平均值为36.39kPa；残余强度平均值为9.30kPa；静力触探p_s值平均值为0.84MPa。土性呈流塑、高压缩性。

③层全新统下组浅海相（Q_{41}），分为三个亚层：

③$_1$层淤泥质黏土（Q_{41}^m）：灰色，含少量腐殖质及贝壳类碎片，具鳞片状结构，底部向软塑黏土过渡。静力触p_s值平均值为1.29MPa；土性呈流塑，高压缩性。

③$_2$层黏土（Q_{41}^m）：灰色，含少量腐殖质及贝壳类碎片。静力触探p_s值平均值为1.39MPa；标准贯入试验平均击数9.0击/30cm；土性呈软塑，高压缩性。

④层上更新统上组上段河湖相及海相（Q_{32-2}），分为三个亚层：

④$_1$层黏土（Q_{32-2}^{al-l}）：灰黄色，含少量腐植物碎屑及粉细砂，见有黄褐色铁锰质氧化斑，局部为黏土；静力触探p_s值平均值为2.90MPa；标准贯入试验实测N值平均击数10.4击/30cm；以可塑、中压缩性为主。

④$_{21}$层黏土（Q_{32-2}^m）：灰色，含少量腐殖质及粉砂，局部为粉质黏土；静力触探p_s值为1.94～2.58MPa，平均值为2.24MPa；标准贯入试验实测N值平均击数7.3击/30cm；软—可塑、高—中压缩性。

④$_{22}$层粉质黏土（Q_{32-2}^m）：浅灰色，含少量腐殖质、较多粉砂，局部为黏质粉土；标准贯入试验实测N值平均击数12.0击/30cm；可塑、中压缩性。

④$_{31}$层粉砂（Q_{32-2}^{al}）：浅灰色，土层不均匀，含有较多黏性土，粒径

>0.25mm 的砂砾含量 20%～40%，粒径 <0.075mm 的黏粒、粉粒含量约占 30%～80%，局部为粉土；标准贯入试验实测 N 值平均击数 17.6 击／30cm；稍—中密，以中压缩性为主。

④$_{32}$ 层圆砾（Q$_{32-2}^{al}$）：浅灰色，土层不均匀，局部为砾砂、卵石；粒径大于 2mm 的粗颗粒含量一般占 55%～65%，粒径以 10～40mm 为主，个别 70mm 以上；充填物以粉质黏土、粉砂为主，无胶结；重型动力触探试验 N$_{63.5}$ 值为 10.0～56.0 击/10cm，平均击数为 20.6 击/10cm；稍～中密为主，饱和，低压缩性。仅少部分孔分布。

④$_{33}$ 层卵石（Q$_{32-2}^{al}$）：浅灰色；土层不均匀，局部稍差，为圆砾；粒径大于 20mm 的粗颗粒含量一般占 50%～60%，粒径以 20～60mm 为主，个别 90mm 以上；充填物以粉质黏土、粉砂为主，无胶结；重型动力触探试验 N$_{63.5}$ 值平均击数为 27.0 击/10cm；中密—密实，饱和，低压缩性。各孔均有分布。

⑤层上更新统上组下段河湖相、海相及河床冲积相（Q$_{32-1}$），分为两个亚层：

⑤$_1$ 层黏土（Q$_{32-1}^{al-l}$）：浅灰绿、青灰色，含少量腐殖质、粉细砂，局部为粉质黏土；标准贯入试验 N 值平均击数 14.1 击／30cm；可塑，中压缩性。

⑤$_2$ 层黏土（Q$_{32-1}^{m}$）：灰、浅灰色，含少量腐殖质及粉细砂；标准贯入试验实测 N 值平均击数 10.3 击／30cm；软—可塑，中—高压缩性。

⑥层上更新统下组河湖相及海相（Q31），分为两个亚层：

⑥$_1$ 层粉质黏土（Q$_{31}^{al-l}$）：浅灰绿、青灰色，含少量腐殖质、粉细砂，局部为黏土；标准贯入试验 N 值平均击数 16.1 击／30cm；可塑，中压缩性。

⑥$_2$ 层黏土（Q$_{31}^{al}$）：灰、浅灰色，含少量腐殖质及粉细砂，局部为粉质黏土。标准贯入试验 N 值平均击数 11.8 击／30cm；多呈可塑，以中压缩性为主。

⑥$_{31}$ 层粉砂（Q$_{31}^{al}$）：浅灰色，土层不均匀，含有较多黏性土，局部为中细砂；标准贯入试验 N 值 19.0～27.0 击／30cm，平均击数 21.4 击／30cm；中密，以中压缩性为主。

⑥$_{32}$ 层圆砾（Q$_{31}^{al}$）：浅灰色，土层不均匀，局部为砾砂、卵石；粒径大于 2mm 的粗颗粒含量一般占 55%～65%，粒径以 10～40mm 为主，少量 40～70mm，个别 70mm 以上；充填物以粉质黏土、粉砂为主，无胶结；重型动力触探试验 N$_{63.5}$ 值平均击数 24.8 击/10cm；以中密为主，饱和，低压缩性。局部分布。

⑥₃₃层卵石（Q_{31}^{al}）：浅灰色；土层不均匀，局部稍差，为圆砾；粒径大于 20mm 的粗颗粒含量一般占 50% ～ 60%，粒径以 20 ～ 60mm 为主，少量 60 ～ 100mm，个别 100mm 以上；充填物以粉质黏土、粉砂为主，无胶结；重型动力触探试验实测 $N_{63.5}$ 值为 22.0 ～ 63.0 击 /10cm，平均击数为 40.0 击 /10cm；中密—密实，饱和，低压缩性。各孔均有分布。

⑨层坡积土（Q^{dl}）：

⑨层含砾粉质黏土：浅灰色、灰黄色；以粉质黏土为主，不均匀的含有 10% ～ 30% 的碎砾石，粒径一般在 10 ～ 30mm，磨圆度较差，棱角、次棱角形，强—中风化状；标准贯入试验 N 值平均击数 23.0 击 / 30cm；实测重型动力触探试验 $N_{63.5}$ 值平均值为 25.6 击 /10cm；多呈松散—稍密，中压缩性；仅个别孔有见。

⑩层白垩系下统小平田组（K^{lx}），分为三个亚层：

⑩₁层全风化基岩：灰黄色、褐黄色，岩石风化特征较为明显，风化程度不均匀，已完全风化成粉质黏土，局部粉土状，遇水极易膨胀崩解，吸水性强。标准贯入试验 N 值平均击数为 51.7 击 / 30cm；呈可—硬塑或稍—中密，中—低压缩性。仅个别孔有分布。

⑩₂层强风化基岩：浅黄、灰黄、灰褐色等，岩石风化较不均匀，已风化成土夹石或石夹土状，少部分碎块石状；岩石风化裂隙发育，风化作用强，硬度小，遇水较易软化，锤击声哑，易裂，部分可折断；重型圆锥动力触探 $N_{63.5}$ 值平均值为 102.0 击 /10cm；中密—密实，低压缩性。仅个别孔揭露。

⑩₃层中风化基岩：青灰、肉红色等，岩石致密、坚硬，锤击声清脆，强度高；岩性主要为晶屑玻屑熔结凝灰岩；多为块状构造，凝灰结构。风化裂隙局部很发育，经钻探破坏后，外业钻探取芯率较低，岩芯多呈碎块石状，极个别呈短柱状，柱长一般 5 ～ 25cm 不等，敲击易延裂隙面碎裂。岩体较破碎—较完整，从所取岩芯试验分析，中风化岩石饱和单轴抗压强度标准值为 76.2MPa>60MPa，属坚硬岩，岩体基本质量等级为 Ⅱ ～ Ⅲ 级。此外，在勘探深度内未见洞穴、临空面及软弱岩层。仅个别孔揭露。

典型剖面见图 3-47。

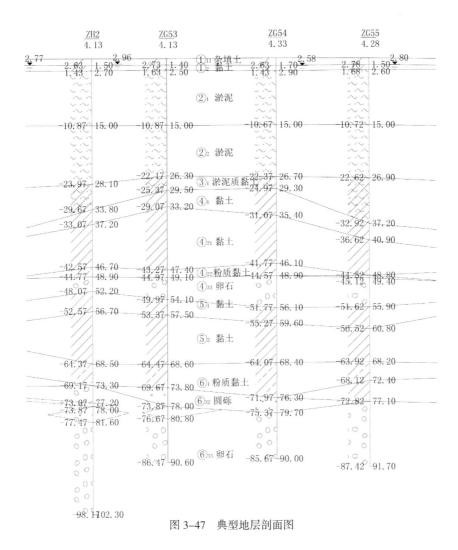

图 3-47 典型地层剖面图

3.9.2.2 水文条件

（1）潜水为表层地下水，主要赋存于人工填土、黏土及淤积软土的结构孔隙中。黏性土、软土具有弱透水性，属弱含水层。勘察期间测得钻孔中稳定地下水位为 0.20～1.92m，相当于 1985 国家高程的 2.40～3.75m。潜水主要受大气降水与地下同层侧向径流补给，以竖向蒸发及地下同层侧向径流方式排泄，并随季节性变化。潜水与附近河水短期内的水力联系较弱，年水位变幅为 1.0～2.0m。

（2）承压水主要赋存于④₃和⑥₃层各亚层中，上下隔水层均为黏性土。承压含水层的补给、排泄方式主要通过侧向渗透。本次勘察在场区代表性钻孔进行了深部④ 3 层卵石层的承压水位观测，其中 ZD6 孔的承压水稳定水位埋深 1.88m，ZD38 孔的承压水位埋深为 1.96m，高程分别为 1.58m 和 2.24m，基本符合该场地邻近区域的水文地质资料。

（3）赋存于构造裂隙和风化裂隙中，其补给来源以及径流方式受裂隙发育和连通情况控制，部分具有微承压性，其承压性同时受控于裂隙发育和连通情况。

3.9.3　咨询方案

本次咨询介入较早，介入时该项目还未形成完整的初步设计方案。

我们根据勘察报告及在温州地区经验，建议试桩采用直径 1000mm 的钻孔灌注桩，桩端入土深度约 85m，具体根据地层情况调整，桩端进入⑥ 3 层稳定卵石层做持力层，采用灌注桩二次后注浆工艺，单桩试验最大加载值 28 000kN。

3.9.4　试桩情况

3.9.4.1　试桩参数

本次设计试桩采用直径 1000mm 的钻孔灌注桩，桩端入土深度约 85m，具体根据地层情况调整，桩端进入⑥ 3 层稳定卵石层做持力层，采用灌注桩二次后注浆工艺，注浆量不少于 6t，单桩试验最大加载值 28 000kN，见图 3-48。

3.9.4.2　静载结果

试验所得承载力极限值在 22 500 ～ 25 000kN 之间，其特征值最小按

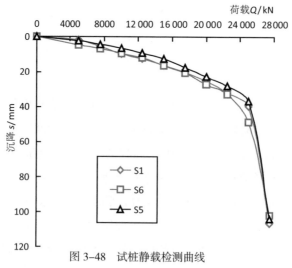

图 3-48　试桩静载检测曲线

11 250KN 考虑。

3.9.5 工程桩设计

3.9.5.1 桩基设计参数建议值

根据前文所作分析，并按照报告所提供原位测试数据和室内试验数据，结合行业标准《建筑桩基技术规范》（JGJ 94-2008）和浙江省地方标准《建筑地基基础设计规范》（DB33/T 1136-2017）（附录 L 预制及灌注桩竖向承载力特征值，L0.3，L0.4），调整后的单桩承载力估算值见表 3-64。

表 3-64　　　　　　　　　基础选型及承载力一览表

拟建建筑物	基础形式（灌注桩）	桩长（m）	参考孔号	桩端持力层	单桩承载力特征值 R_a（kN）	注浆后单桩承载力特征值 R_a（kN）
超高层酒店	纯桩基 $\phi 1000$	70.0	ZC10	⑥$_{33}$层	6825	10 920
			ZH6	⑥$_{33}$层	6160	9850
裙房	纯桩基 $\phi 700$	38.0	ZC13	④$_{33}$层	2090	3345
	$\phi 800$	48.0	ZC10	⑤$_2$层	2295	3675

注：1）注浆后承载力是根据当地规范要求的最大承载力（灌注桩后注浆提高比例用到上限值的 60% 限值）与《建筑桩基技术规范》（JGJ 94-2008）条文 5.3.10 公式估算值对比取小值确定。
　　2）本表桩基送桩按 15m 考虑。

桩基承载力可满足甲方和设计单位对桩基承载力的要求。

2.9.5.2 桩基压缩层参数

根据勘察报告室内压缩试验成果，对各土层已有的压缩性指标进行了分层统计，按桩基条件采用各土层自重应力（P_0）至自重应力加附加应力（$P_0+\Delta P$）段范围内的压缩模量 E_s 值，同时对砂（粉）性土结合现场标准贯入试验成果综合分析，确定压缩模量见表 3-65。

表 3-65　　　　　　　　　桩端下土层压缩模量一览表

层序	土层名称	由土工试验确定的压缩模量 E_s（MPa）	由标贯试验/动探确定的压缩模量 E_s（MPa）	压缩模量建议值 E_s（MPa）
⑥$_{33}$	卵石	—	115.94	60
⑩$_1$	全风化基岩	12.6	—	13

注：表中压缩模量建议值根据土层压缩曲线上土的自重压力 ~ 自重压力＋附加压力（约 700kPa）范围值取值，并参照原位测试成果综合分析后确定。其中附加压力根据设计提资及工程经验综合确定。

3.9.5.3 桩基压缩沉降量估算

按《地基基础设计规范》（GB 50007–2011）第 7.4.2 条规定计算，根据《地基基础设计规范》（GB 50007–2011）第 7.4.2 条，假设桩基承台、桩群与桩间土作为实体深基础，且不考虑压力扩散角，压缩层厚度自桩端全断面算起，算到附加压力等于自重压力的 20% 处。经估算拟建建筑物的基础中心沉降量见表 3–66。

表 3–66   基沉降量估算一览表

建筑物名称	桩基持力层	桩端入土深度（m）	假设基础尺寸（m×m）	基底附加压力（kPa）	桩基沉降量（cm）	计算孔号
超高层	⑥$_{33}$	85.0	40.0×40.0	700	8.4	ZC10

注：1）表中基底附加压力是根据基础设计资料推算，供参考。
　　2）未考虑桩本身压缩变形和施工因素的影响。

3.9.6 项目总结

（1）当地类似项目曾经设计了桩长 120m 的灌注桩，但试桩施工时单桩成桩时间超过 20d，且承载力达不到设计要求。本项目根据对地层的理解，选择合适的持力层，缩短了桩长，通过桩端注浆，保证了桩基承载力。

（2）计算沉降时应采用各土层自重应力（P_0）至自重应力加附加应力（$P_0+\Delta P$）段范围内的压缩模量 E_s 值，不应简单使用 E_{s1-2}。

第4章 基坑工程优化实践

　　软土地区基坑工程中，当基坑挖深超过 5.5 ～ 6m 以后，就需要设置内支撑体系保证基坑的稳定性和变形量。常用的基坑支护形式有钢筋混凝土支撑、斜抛撑和钢支撑。

　　钢筋混凝土支撑是在基坑内部现浇而成的结构体系，布置形式和方式基本不受基坑平面形状的限制，具有刚度大、整体性好、施工相对简单等优点。钢筋混凝土支撑能够通过选择合理截面尺寸，调整支撑刚度，从而控制支护变形。钢筋混凝土支撑为现场浇筑，质量易控制。但钢筋混凝土撑需要较长的制作和养护时间，制作后不能立即发挥支撑作用，需要达到一定的材料强度后，才能进行其下的土方开挖。另外，对于需要分区域开发的项目，采用混凝土支撑时需要等待统一的支撑和拆撑时间，或者通过设置分隔墙实现分区开发，对开发工期有一定的影响。相对钢支撑，钢筋混凝土支撑材料不能重复使用，拆撑时工作量也较大，产生大量废弃混凝土垃圾需进行相应的处理。

　　钢支撑最大的优点是自重轻、安装和拆除方便、施工速度快、可以重复利用，安装后能立即发挥支撑作用，对减小由于时间效应而产生的支护结构位移十分有效。但钢支撑为现场安装，要求施工单位必须保证整个支撑体系的焊缝质量，并确保其整体性和平直度，且钢支撑较钢筋混凝土支撑刚度要小，由于钢支撑拼装特点，一般适用于形状规则、跨度不宜过大的基坑。钢支撑作为对撑传力时路线明确、效果较好，但作为角撑等斜向受力杆件时，效果较差。

　　斜抛撑方法是在基坑周边设置留土平台，由基坑周边留土平台向基坑中部采用多级放坡使中心岛区域开挖到底，跟进施工中心岛结构，待中心岛底板完成后，再架设斜抛撑，开挖周边留土和施工底板。该方法较为经济。但该方法需要二次浇注底板和二次挖土，施工工期较长，底板二次浇筑存在渗漏水风险，斜抛撑预应力施加不到位容易导致基坑变形过大。基坑周围不能形成环路时，二次挖土较难实施。

由上海勘察设计研究院（集团）有限公司和上海长凯岩土工程有限公司开发的自稳式基坑支护技术克服了以上一些缺点，其核心思想在于用斜向钢管桩代替水平支撑。该技术最大的优点是不需设置内支撑，施工内容大大减小，方便挖土，无支撑施工养护和拆除工况，地下结构施工可连贯进行，无换撑工序，无需留置后浇带，不存在因后浇带引起的后期底板、地下室的地下水渗漏问题，绿色环保、环境及社会效益明显，工期短、造价低。对于软土地区地下一层、二层的大面积基坑尤其适用。

4.1　临港科技创新城 A0102 地块项目

4.1.1　工程概况及特点

本工程为地下一层，基坑普遍开挖深度 5.1～6.1m，基坑开挖面积约 4.05 万㎡，基坑周长约 787m，基坑安全等级三级，基坑环境保护等级北侧为二级、其余侧为三级。本工程基坑北侧 12m 左右的国家海洋局东海标准计量中心海流计检定水槽（国家重点"602"项目）为重点保护对象，水槽上行车导轨的平整度要求为 5 丝以内，每调试一次 20 万元，水槽建筑总投资 3500 万元，一旦因为基坑变形控制超标后果非常严重，该侧围护边局部挖深为 6.5m，围护变形控制不得超过 10mm。

本项目结合周边环境保护要求，场地空间，后续基坑出土要求、开发建设顺序等，我们因地制宜，组合使用了多形式的基坑围护结构。涉及的围护形式包括：

（1）围护体系。基坑北侧采用钻孔灌注桩 + 前撑式钢管支撑的基坑支护型式；其余侧采用重力坝的基坑支护型式。

（2）止水体系。钻孔灌注桩区域采用三轴 $3\phi850@1200$ 搅拌桩止水；重力坝区域双排 $2\phi700@1000$ 双轴搅拌桩兼作止水。

（3）支撑体系。基坑角部区域采用一道混凝土角撑，其余区域采用 $\phi377\times10$ 前撑式钢管斜向支撑，钢管端部采用旋喷工艺提高承载力。

4.1.2　工程及水文地质情况

4.1.2.1　工程地质情况

本场地属潮坪地貌类型。拟建场地为麦田，场地地势整体稍有起伏。

本次勘察查明，本场地在勘察深度 75.34m 范围内揭露的地基土均属第四纪沉积物，主要由黏性土、粉性土及砂土组成。根据地基土的成因、时代、结构特征及物理力学性质指标等综合分析，可划分为 6 个工程地质层及分属不同工程地质层的亚层。对本工程基坑围护设计、施工影响较大的土层情况如下：

①₁ 层吹填土，为人工吹填形成，以粉性土为主，受吹填工艺等影响局部夹较多黏性土，土质不均匀。场地局部区域表层含碎石及砖块等杂物，局部表层为耕植土，土质松散且不均匀。

注意：拟建场地位于 94 堤与世纪堤之间，吹填土约在 2001 年前后吹填，固结时间在 16 年以上，其中以粉性土为主的吹填土自重固结已基本完成。

②₃₋₁ 层灰色砂质粉土：普遍分布；饱和，松散—稍密，压缩性中等；含云母、贝壳碎屑，夹黏质粉土及薄层黏性土，摇振反应迅速，无光泽，干强度低等，韧性低等。

第②₃₋₂ 层灰色粉砂：普遍分布；饱和，中密，压缩性中等；含云母，局部夹薄层黏性土及砂质粉土。

②₃₋₃ 层灰色黏质粉土夹粉质黏土：普遍分布；饱和，松散~稍密，压缩性中等—高等；含云母，局部夹薄层黏性土及砂质粉土。摇振反应中等，无光泽，干强度低等，韧性低等。

④层灰色淤泥质黏土：普遍分布；饱和，流塑，压缩性高等；含云母、有机质，摇振反应无，有光泽，干强度高等，韧性高等。

⑤₁ 层灰色黏土：普遍分布；饱和，软塑，压缩性高等；含云母、有机质、腐殖质，摇振反应无，有光泽，干强度高等，韧性高等。

⑤₃ 层灰色黏土：古河道区域分布；很湿，软塑—可塑，压缩性高等—中等；含云母、有机质，摇振反应无，有光泽，干强度高等，韧性高等。

⑥ 层灰绿色粉质黏土：古河道区域缺失；湿，可塑—硬塑，压缩性中等；含氧化铁条纹及铁锰质结核，摇振反应无，稍有光泽，干强度中等，韧性中等。

基坑开挖范围与地层关系见图 4-1，本工程 2.5 倍基坑开挖深度内主要涉及第①₁、②₃₋₁、②₃₋₂、②₃₋₃、④、⑤₁ 层土，其中，第①₁、②₃₋₁、②₃₋₂、②₃₋₃ 层为粉性土或砂性土层，坑底以下土层主要以深厚的②₃₋₁、②₃₋₂ 层为主。

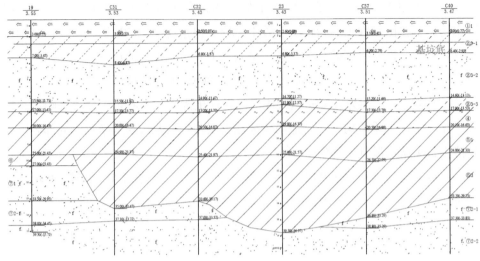

图 4-1　基坑开挖范围与地层关系

4.1.2.2　水文条件

（1）潜水。场地内浅层地下水属潜水，主要补给来源为大气降水及地表径流，排泄方式主要为蒸发。根据上海市工程建设规范《岩土工程勘察规范》（DGJ 08-37-2012）第12.1条，上海地区潜水水位埋深一般为0.3～1.5m，受季节、气候、地表迳流等因素影响而有所波动，年平均水位埋深为地表下0.50～0.70m。根据上海地区类似工程勘察、设计经验，本次基坑围护设计时，地下潜水水位埋深按地表以下0.5m考虑。

（2）承压水。拟建场地勘探深度内赋存有⑦层承压含水层，层顶标高-22.81～-28.08m，厚度大于40m。据上海地区已有工程的长期水位观测资料，承压水水位埋深的变化幅度一般在3.0～12.0m。本工程基坑挖深5.1~6.1m，⑦层埋深最浅为26.6m，可不考虑承压水的影响。

4.1.3　基坑围护设计方案

4.1.3.1　项目难点

1）地层不均匀，风险较高

本工程位于上海市浦东新区临港新城，本场地属潮坪地貌类型。基坑开挖范围涉及地层主要有①$_1$层吹填土、②$_{3-1}$层砂质粉土和②$_{3-2}$层粉砂，坑底为②$_{3-1}$

层砂质粉土、②₃₋₂ 层粉砂、②₃₋₃ 黏质粉土夹粉质黏土和④淤泥质黏土。拟建场地表层土为吹填形成，以粉性土为主，受吹填土源、吹填工艺的影响，夹较多黏性土，土质不均匀。开挖时，基坑周边土体易产生沉降和侧移变形等，基坑风险较高。

2）临近海洋局侧基坑风险高、施工空间有限、变形控制严格

本工程基坑北侧变形一旦超标将影响整个东海局海流计检定，后果严重，风险非常高；常规分坑 + 水平支撑及坑内裙边加固方案虽然有利于基坑变形控制，但造价高、工期也无法满足业主要求，经多方案论证确定采用公司超前支撑专利技术。除此之外，本工程施工空间较小，操作面有限，现场施工难度非常大，且包括施工设备在内，施工工艺、施工参数等均没有以往工程经验可以参考，给基坑围护设计和现场施工均带来较大难度和挑战。

3）施工工期紧，工程成本控制严格

业主对工期要求高，要求总包在春节前完成结构 ±0.000，故总包挖土工期节点紧张，工程成本控制严格。基坑方案选型，设计、施工均须考虑相关因素。

4）施工阻力大，桩身要求高

钢管支撑持力层为②₃₋₂ 层为灰色粉砂，含云母，局部夹薄层黏性土及砂质粉土，土质不均匀。静探 p_s 平均值为 7.11MPa，标准贯入击数 16.5 击，呈中密状态，中等压缩性。钢管沉设阻力较大，对桩身要求较高。

4.1.3.2 围护方案简介

本项目结合周边环境保护要求，场地空间，后续基坑出土要求、开发建设顺序等，我们因地制宜，组合使用了多形式的基坑围护结构。涉及的围护形式，详见图 4-2。

图 4-2　基坑开挖俯视图

围护体系：基坑北侧采用钻孔灌注桩＋前撑式钢管支撑的基坑支护型式；其余侧采用重力坝的基坑支护型式。

止水体系：钻孔灌注桩区域采用三轴 $3\phi850@1200$ 搅拌桩止水；重力坝区域双排 $2\phi700@1000$ 双轴搅拌桩兼作止水。

支撑体系：基坑角部区域采用一道混凝土角撑，其余区域采用 $\phi377\times10$ 前撑式钢管斜向支撑，钢管端部采用旋喷工艺提高承载力。

1）基坑北侧

该侧邻近国家海洋局东海标准计量中心检定测试水槽精密仪器，采用钻孔灌注桩＋注浆式前撑钢管的围护形式，为防止围护结构位移过大对检定测试水槽造成不利影响，止水桩采用单排 $3\phi850@1200$ 三轴水泥土搅拌桩，桩顶标高 -1.25，桩长20.0m；钻孔灌注桩直径 $750\sim800$mm，间距 $950\sim1000$mm，桩长 $12.0\sim15.0$m，插入比 $1:1.45\sim1:1.32$，桩顶标高 -2.55。

前撑钢管采用 $\phi377\times10$ 钢管，长度15.0m，水平角度45°，端部采用高压旋喷加固体，有效桩长3.0m，水泥掺量50%。详见图4-3、图4-4。

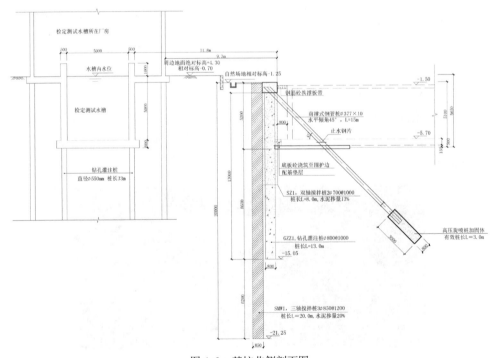

图4-3 基坑北侧剖面图

图 4-4　基坑开挖现场图

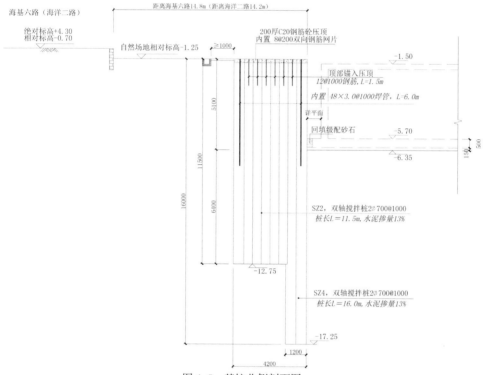

图 4-5　基坑北侧剖面图

2）基坑西侧、南侧和东侧

挖深 5.10 ～ 6.70m 区域采用坝体宽度 4.2/4.7m，前 2 排双轴搅拌桩加长作为止水结构，桩长 16.0m，后 6/7 排 2φ700@1000 双轴搅拌桩作为挡土结构，双轴搅拌桩桩长 11.5 ～ 13.6m。搅拌桩桩顶采用 200 厚 C20 钢筋混凝土压顶，内配 φ8@200 钢筋网片，前后排搅拌桩内插 φ48×3@1000 焊管，L=6.0 ～ 9.0m；其余搅拌桩内插 φ12@1000 钢筋，L=1.5m。基坑围护典型剖面见图 4-5。

4.1.4 静载荷试验结果

本工程共抽检 3 根试桩，试验结果见表 4-1。

表 4-1 前撑注浆钢管静载检测结果

序号	桩号	最大加载量（kN）	桩顶最大位移量（mm）	回弹量（mm）	回弹率（%）	单桩极限承载力（kN）	备注
1	8#	850	9.37	5.32	56.78	≥ 850	抗压
2	10#	850	8.38	5.01	59.79	≥ 850	抗压
3	12#	850	7.96	5.14	64.57	≥ 850	抗压

4.1.5 监测数据

监测结果见表 4-2。

表 4-2 基坑监测结果

区域	围护形式	测斜点	测斜最大累计值（mm）	对应工况
基坑北侧	单排灌注桩 + 前撑式注浆钢管支撑	CX10	4mm	底板浇筑完成
		CX11	6mm	底板浇筑完成
		CX12	6mm	底板浇筑完成
		CX13	7.1mm	底板浇筑完成
		CX14	7mm	底板浇筑完成

现场实施效果较好，基坑开挖及地下结构施工过程中，监测变形数据均在允许范围内。

4.1.6 项目总结

本工程为设计施工一体化项目，基坑围护设计和前撑式注浆钢管支撑专项施工均由我们完成。设计指导施工，施工完善设计，设计施工一体化既保障了设计要求、工艺技术的有效贯彻实施，又贯彻了综合服务理念，保障了项目的安全、质量、进度、成本等各个方面，为业主、总包提供了增值服务。

本项目结合前期实施经验，在原有的工艺基础上，改进了注浆工艺，采用高压旋喷工艺，形成端部加固体，保障了钢管支撑的承载力，由业主单位委托的检测单位实施的静载试验检测显示，15m 长的 ϕ377 钢管桩，单桩承载力极限值达到 850kN，且最大位移量未超过 10mm。

该项目为自稳基坑支护组合技术的旋喷注浆工艺在上海地区的首个项目采用，已完成基坑开挖，地下结构已出 ±0.00，整个开挖过程变形控制效果显著。由监测单位提供的基坑监测数据可知，从基坑开挖到底板浇筑完成，基坑测斜最大约 7.1mm，小于设计要求，现场开挖效果好。

4.2 富阳万达 03-D-35 地块项目

4.2.1 工程概况及特点

项目位于杭州富阳区金桥北路东侧，新桥新路北侧，彩虹路南侧，主要为南北 2 个地块。北地块（1# 地块）为住宅区，基坑总面积 4.69 万 m^2，总周长 1461m，其中地下一层面积 1.05 万 m^2、地下二层面积 3.64 万 m^2。地下二层基坑开挖深度 9.60m；地下一层基坑开挖深度为 5.75m。本工程地下二层区域安全等级为一级，地下一层区域安全等级为二级，使用期限 24 个月。

本项目主要特点如下。

1）周边环境复杂

超前钢支撑位于基坑东侧，基坑边界线距用地红线约 5.31 ~ 12.71m，用地红线外现为较多市政管线、已建小区（南段为正在开挖 9# 地块），基坑围护施工作业面较小，且一旦基坑变形严重可能导致管线（尤其压力管）产生断裂出现漏水、漏气的情况，导致严重的社会影响。

2）工程地质条件差

本工程位于杭州市富阳区，基坑开挖深度内涉及土层有：①层杂填土、②$_{-1}$层粉质黏土、②$_{-2}$层黏质粉土、③$_{-1}$层淤泥质粉质黏土、③$_{-2}$层粉质黏土、④层圆砾。浅部土层土质较差，坑底涉及土层基本为④层圆砾，中密状，竖向自稳能力较差，坑壁不易保持，且强透水性，为承压含水层，基坑垫层施工时，如降水减压不利，易发生突涌。

3）本工程业主对基坑工程量概算及工期控制极为严格，围护结构选型极为关键

业主要求总包单位在 4 个月内完成从基坑围护方案选型、土方开挖、结构施

工至结构 ±0.000 的所有工作，工期非常紧张。类似规模的基坑，一般常用的围护形式为钻孔灌注桩＋止水帷幕＋锚索，但本工程东侧环境复杂，加之相邻地块采用锚索方案出现过质量事故，专家不建议采用；水平支撑方案造价太高、工期长，业主无法接受；传统斜抛撑方案工序复杂，且工期无法保障。上述方案均不能满足在安全前提下业主对工期、围护概算的要求。

4.2.2　工程及水文地质情况

4.2.2.1　工程地质情况

项目地貌上属山前冲洪积平原与富春江冲海积平原结合部位。原始场地主要为厂区，局部为旱地，现已拆迁为空地，场地平整后浅部分布有约 1.00 ～ 3.00m 左右杂填土，场地地势较平坦开阔，勘探结束后实测各孔口标高在 6.86 ～ 9.26m 之间。在勘探深度范围内，根据揭示岩土层的岩性、成因、结构构造、埋藏分布及物理力学性质，可将岩土层划分为 6 个岩土工程层〔按浙江省标《工程建设工程勘察规范》（DB 33/T1065–2009）〕。本场地的地层分布具有如下特点：

① 层杂填土（Q_4^{ml}），灰黄色、灰色为主，稍湿，松散，主要由碎石、黏性土、碎砖块、混凝土块组成。其中碎石含量约占 10% ～ 35%，粒径一般 20 ～ 50mm，少部分 70 ～ 90mm，局部底部含块石。碎砖块、混凝土块约占 10% ～ 40% 左右，主要分布于场地表部，余为黏性土及少量砂，物理力学性质差。层厚 0.50 ～ 6.40m，层底标高 3.38 ～ 8.20m。

②$_{-1}$ 层粉质黏土（Q_{43}^{al-m}），黄灰色为主，局部黄灰色，软可塑，局部软塑。含铁质氧化物，土切面稍有光泽，干强度中等，韧性中等。层厚 0.80 ～ 3.50m，层顶埋深 0.50 ～ 5.00m，层底标高 2.72 ～ 6.36m。

②$_{-2}$ 层黏质粉土（Q_{42}^{al-m}），灰色—青灰色，很湿，稍密，具韵律层状结构，含云母片屑，含砂，局部夹淤泥质粉质黏土薄层，土质摇振反应迅速，干强度低，韧性低。层厚 0.70 ～ 1.00m，层顶埋深 4.50 ～ 5.20m，层底标高 3.45 ～ 4.32m。

③$_1$ 层淤泥质粉质黏土（Q_{42}^{m}），灰色，流塑，见黑色有机质斑和腐殖质碎屑，局部为淤泥质黏土，其顶部粉土含量较多，局部夹砂砾。切面光滑，无摇振反应，干强度高，韧性高。层厚 0.80 ～ 4.90m，层顶埋深 2.00 ～ 6.40m，层底标高 0.42 ～ 4.05m。

③$_{-2}$ 层粉质黏土（Q_{41}^{al-l}），灰黄色，软可塑，局部软塑。含铁锰质氧化斑，

局部夹砂砾，土切面稍有光泽，干强度中等，韧性中等。层厚 0.90 ～ 4.40m，层顶埋深 3.60 ～ 7.40m，层底标高 0.48 ～ 2.11m。

④ 层圆砾（Q_{31}^{al-pl}），灰黄色、褐黄色，饱和，中密，局部顶部稍密，密实程度有随深度逐渐增大的趋势。其中卵石含量 20% ～ 35%，局部多量，一般粒径在 2.0 ～ 4.5cm 之间，砾石含量 25% ～ 30%，局部多量，一般粒径在 2 ～ 20mm 之间，卵石、砾石多呈亚圆形，磨圆度较好，母岩成分以砂岩、凝灰岩等硬质岩为主。其余为黏性土与砂充填，胶结较差，钻进时易塌孔、漏浆。该层性质不均，上部颗粒较小，下部颗粒较大，局部相变成卵石。层厚 4.70 ～ 10.70m，层顶埋深 3.40 ～ 9.60m，层底标高 -3.00 ～ -7.25m。

⑩$_{-1}$ 层全风化泥质粉砂岩（J_{3l}），紫红色为主，部分灰色。母岩残余结构可辨，岩石已风化呈土状、砂土状，遇水易软化、崩解。层厚 0.50 ～ 7.00m，层顶埋深 13.00 ～ 17.20m，层底标高 -4.72 ～ -11.87m。

⑩$_{-2}$ 层强风化泥质粉砂岩（J_{3l}），紫红色、灰色，岩石结构构造不甚清晰，岩石完整性差，岩石风化裂隙发育，岩体破碎。岩心呈块状，短柱状，部分粗砂状。岩块手可掰断，遇水易软化，合金钻易钻进。层顶埋深 13.30 ～ 19.00m，层

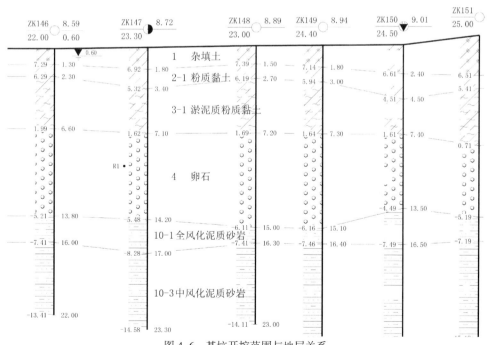

图 4-6　基坑开挖范围与地层关系

底标高 –5.21～–12.19m。

⑩_{-3}层中等风化泥质粉砂岩（J_{3l}），紫红色夹灰色，泥质粉砂状结构，薄～中层状构造，岩体风化裂隙较发育。岩芯以短柱状为主，部分柱状、块状，遇水易软化，岩块锤击声较脆，不易碎裂，合金钻可钻进。该层场地部分地段夹薄层灰色泥岩，部分地段呈互层状，沉积韵律明显，与花岗岩接触部位含砾。RQD=65～85，揭示最大层厚8.80m，层顶埋深14.40～21.60m。

4.2.2.2 水文条件

地表水：场地地表水体类型主要为新桥河水。大气降水除少量渗入地下土层形成地下水外，大部分形成自然式迳流汇入新桥浦排放，场地地下室边界线距新桥浦较近，根据实测河床断面，地下室基坑开挖深度大于新桥浦河底深度，场地地下水与河水联系紧密，新桥浦河水对基坑开挖影响较大。

地下水：根据地下水含水空间介质和水理、水动力特征及赋存条件，区内勘探深度范围内地下水主要为第四系孔隙潜水、孔隙承压水及基岩裂隙水。

孔隙潜水：主要赋存于浅部粉质黏土及黏质粉土层中，水量贫乏，主要受大气降水补给，部分来自新桥浦河水侧向季节性补给，蒸发及向新桥浦排泄方式，其水量、水位受季节性及河道水位控制明显，潜水位年变幅1.0～2.0m。实测各勘探孔混合水位在自然地面下0.60～5.00m，最低潜水位标高在+4.41m。本层含水层与基坑工程最为密切，主要涉及基坑工程的设计和施工（基坑围护、开挖、降水和抗浮设计）。

孔隙承压水：赋存于下部卵石层中，连续性较好，水量大。卵石层属强透水层，上覆黏性土层和下伏全风化土层属于微透水层，成为相对隔水层。该层承压水补给和排泄主要以径流方式为主，径流较缓慢。根据钻探资料，场地承压水位埋深约7.5m，绝对标高约+1.50m。场地基坑开挖深度约9.3m，坑底绝对标高约+0.4m，场地内承压水对基坑工程会产生一定影响，施工时应引起重视，应采取相应防护措施。

基岩裂隙水：主要赋存于下部的泥质粉砂岩及花岗岩网状风化裂隙中，岩体风化裂隙较发育，但裂隙发育程度各向异性，渗透性差。主要受侧向补给和上部承压水下渗补给。本场地内泥质粉砂岩岩质易风化，裂隙多呈闭合状，且被黏土矿物充填，导水性差，水量微弱；花岗岩岩体坚硬致密，裂隙呈闭合状，场地基岩裂隙水对本工程影响较小。

4.2.3 基坑围护设计方案

4.2.3.1 项目难点

项目周边施工环境对于前撑钢支撑施工较为复杂，东侧施工条件较为苛刻。基坑边界线距用地红线约 5.31 ～ 12.71m，用地红线外现为已建小区（南段为正在开挖 11# 地块）。距基坑开挖边界线外 9.78 ～ 13.79m、10.74 ～ 16.39m、11.82 ～ 17.58m、11.97m、14.08m 依次为架空电压线、燃气管线（井深 0.5m）等管线。

基坑东侧北段距离基坑开挖边界线约 18.48 ～ 24.54m 为高桥公租房，基坑东侧南段距基坑开挖边界线外 9.95 ～ 11.5m 正在进行施工的 9# 地块地下室外墙。

施工时钢支撑需穿过④层圆砾层，饱和，中密，局部顶部稍密，密实程度有随深度逐渐增大的趋势。其中卵石含量 20% ～ 35%，局部多量，一般粒径在 2.0 ～ 4.5cm 之间，砾石含量 25% ～ 30%，局部多量，一般粒径在 2 ～ 20mm 之间，卵石、砾石多呈亚圆形，磨圆度较好，母岩成分以砂岩、凝灰岩等硬质岩为主。其余为黏性土与砂充填。

常规前撑式注浆钢管无法在该地质条件下施工，故我们针对此情况对前撑式注浆钢管进行改进，将常规钢管变更为 H 型钢，并在施工前期进行试沉桩及承载力检测等工作，为后续设计及施工提供参数支持。

4.2.3.2 围护方案简介

本项目结合周边环境保护要求，场地空间，后续基坑出土要求、开发建设顺序等，因地制宜，组合使用了多形式的基坑围护结构。

基坑东侧采用双轮铣 + 钻孔灌注桩 + 前撑式钢支撑的基坑支护形式，其余侧采用重力坝、双轮铣 + 钻孔灌注桩的基坑支护形式。

1）基坑北侧

基坑边界线距用地红线约 11.96 ～ 15.82m，用地红线外为已建市政道路彩虹路。道路下依次有电信电缆管线、电力电缆管线、给水管线、街道排水、污水管线。

2）基坑东侧

基坑边界线距用地红线约 5.31 ～ 12、71m，用地红线为已建小区（南段为正在开挖的 11# 地块）。红线外依次有架空电压线、燃气管线、给水管线、弱电管线、污水管线等。

止水桩采用双轮铣 CSM B700，桩长 15.50m；钻孔灌注桩直径 900mm，间距

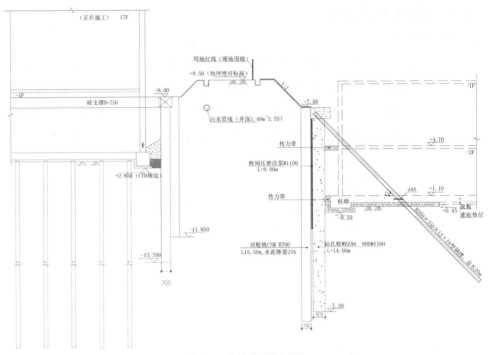

图 4-7　基坑典型剖面图

1100mm，桩长 14.0m。

前撑钢管采用 H350×350×12×19 型钢，长度 20.0m，水平角度 45°，水平间距 3.30m。基坑围护典型剖面见图 4-7。

3）基坑南侧

基坑边界线距用地红线 1.09 ～ 17.89m。红线外依次有现场围墙、新桥浦河道边界线。新桥浦常年水位标高为 6.20m，水深 0.50 ～ 1.50m。

4）基坑西侧

基坑边界线距用地红线约 29.60m。红线外依次有管廊结构外墙线、地铁隧道结构边界。

现场开挖照片见图 4-8。

图 4-8 现场施工图

4.2.4 静载荷试验结果

本工程共抽检 3 根试桩。

表 4-3 前撑注浆钢管静载检测结果

序号	桩号	最大加载量 （kN）	桩顶最大位移量 （mm）	回弹量 （mm）	回弹率 （%）	单桩极限承载力 （kN）	备注
1	S2	1120	25.36	11.40	45.0	≥ 1120	抗压
2	S3	1120	22.04	11.11	50.4	≥ 1120	抗压
3	S4	1120	27.81	11.33	40.7	≥ 1120	抗压

4.2.5 监测数据

监测结果见表 4-4。

表 4-4 基坑监测结果

区域	围护形式	测斜点	测斜最大累计值（mm）	对应工况
基坑北侧	单排灌注桩 + 前撑式注浆钢管支撑	CX11	16.22mm	底板浇筑完成
		CX12	10.69mm	底板浇筑完成
		CX13	10.70mm	底板浇筑完成
		CX14	10.08mm	底板浇筑完成
		CX15	12.79mm	底板浇筑完成

4.2.6 项目总结

在确保基坑安全的前提下，同时考虑业主对围护概算、工期的要求，经与设计单位反复沟通、论证，该项目东侧围护形式采用自稳基坑支护组合技术。

传统的前撑式支撑为注浆钢管，本工程支撑须穿过中密状④层圆砾进入⑩$_{-1}$全风化泥质粉砂岩、⑩$_{-2}$层强风化泥质粉砂岩，注浆钢管无法实现。结合工程地质条件、施工机械性能和工作机理等多方因素，我们创新性地提出了将H型钢替代原注浆钢管，利用其强有力的穿透力将其沉设进入预设持力层，满足设计要求。

由于尚未有类似项目成功案例可以借鉴，本着对项目负责的态度，我们完成H型钢支撑的相关节点和施工参数的设计后，在业主和总包单位的支持下，现场进行了原位工艺性施工，H型钢支撑的沉设深度、承载力检测结果等均满足了设计预期。工艺性试桩的成功实施为后续相关基坑设计、施工提供了有效依据，有效节约了工程成本。

4.3 昆山公元壹号名邸二期C地块项目

4.3.1 工程概况及特点

项目位于江苏省昆山市，太湖南路以东，千岛湖路以南。项目由5栋34层

图4-9 项目位置示意图

高层住宅、1 栋 26 层高层住宅、1 栋 23 层高层住宅、1 栋 7 层住宅、1 栋 4 层办公楼、1 栋 2-4 层幼儿园及配套用房组成。本次围护主要针对场地内的两层地库。

　　拟建场地内旧建筑已拆除，建筑垃圾留置原地。拟建场地西侧为太湖南路及变电站，南侧和东侧为多层和小高层住宅小区，北侧为千岛湖路。其中邻近道路均为主干道，车流量大且沿路分布有多条多类型管线；东侧小区围墙距离基坑开挖边线仅 4.0m，西侧变电站保护排架距离基坑开挖边线仅 3.5m，且上空有高压电线，高度 8.0m 左右，围护结构施工时须停止该高压线路供电。

4.3.2　工程及水文地质情况

4.3.2.1　工程地质情况

　　场地地貌单元属长江三角洲入海口东南前缘的滨海平原。根据勘察报告，基坑开挖影响深度内主要有以下地层，见图 4-10。

　　①₁层填土，土质不均匀且结构松散，工程力学性质差。此类土层普遍分布于除明浜（渠）区以外的场地表部。

　　②层灰黄—灰兰色粉质黏土，可塑，工程力学性质较好，具有"上硬下软"

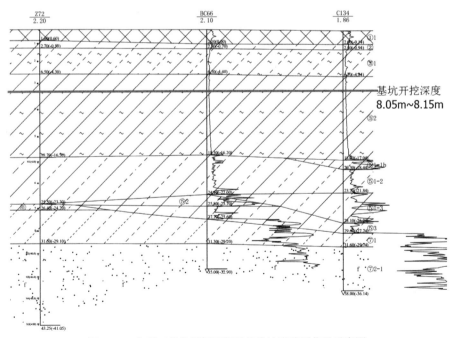

图 4-10　典型工程地质剖面图及基坑坑底范围位置示意图

的特性，此类土层在明浜、暗浜区变薄甚至缺失。

③₁层灰色淤泥质粉质黏土，厚度 4m 左右，流塑状，工程力学性质差，该层土具有较高的灵敏度和触变性，而且由于夹有较多粉土薄层，整体土质不均匀且结构松散，在动水压力作用下很容易造成"流砂"或"橡皮土"等不良地质现象。因此对于本项目基坑工程而言是需要重点防护的土层。

③₂层灰色淤泥质黏土，厚度超过 12m，流塑状，工程力学性质差，该层土也具有较高的灵敏度和触变性，对于本项目基坑工程而言也是需要重点防护的土层。

⑤₁层土分布有以黏性土、粉性土及其混合土层为主：包括⑤₁₋₁层灰色砂质粉土夹粉质黏土（稍密状），⑤₁₋₂层灰色粉质黏土（软塑状）及⑤₁₋₃层灰色粉质黏土夹粉土（软塑状）。受沉积环境影响，此类地层自北向南由粉、砂性土向黏性土渐变，土层状态及力学性质也逐渐变差。

⑤₂层灰色砂质粉夹粉质黏土，中密/软塑状，工程力学性质尚好。

4.3.2.2　水文条件

根据现场测量及勘探资料：C 地块的中北部场地内分布有一条宽度 3～5.5m 不等的长条形明浜（水渠）；2015 年 10 月 13 日实测明浜（水渠）的水面标高在 1.2m 左右，近岸处的水深在 0.5～1.3m，中心水深在 1.5～1.8m 不等，浜（渠）底淤泥厚度 20～10cm。

4.3.3　基坑围护设计方案

4.3.3.1　设计难点

1）基坑形状不规则

该项目基坑南北两侧采用重力坝处理临边号楼与地库高差，而且东西两侧不对称，这样的形状无法设置东西向对撑，目前常见的办法是采用灌注桩＋锚索或者采用"鱼腹梁"方案，锚索方案在昆山地区不能超出红线，"鱼腹梁"方案造价高昂，且在该项目较难实施。

2）基坑面积和挖深较大

该项目设置地下二层基坑，基坑周长 632m，东西两侧边长分别为 90m 和 100m，单边长度较长，不利于变形控制；基坑挖深 8.05m，坑内号楼部位挖深 8.15m，属于安全等级二级基坑，对于围护变形和周边沉降有着较为严苛的要求。

3）地层条件差

本次拟建二期项目地下车库为 2 层地下室，开挖深度 8.05 ～ 8.15m。本项目的基坑开挖深度范围主要涉及①$_1$ 层杂填土、①$_2$ 层浜填土、② 层粉质黏土、③$_1$ 层淤泥质粉质黏土及③$_2$ 层淤泥质黏土。开挖深度范围内的土体强度整体较低，特别是③$_1$ 层淤泥质粉质黏土和③$_2$ 层淤泥质黏土，均为流塑状软土，具有较高灵敏度及触变、流变特性，厚度超过 16m。

本项目为昆山首个自稳式基坑支护项目，前撑式注浆钢管支撑位于两层厚层软土中，其承载力主要靠软土层摩阻力提供。为此改良使用囊袋及双气囊注浆以提高单桩承载力。

4.3.3.2 围护方案简介

本工程 ±0.000 相当于绝对标高 +2.900，场地内自然地坪绝对标高为 +2.400m，即相对标高为 –0.500。本工程位于昆山市千岛湖路、太湖南路，基坑面积约 18 000m²，基坑周长约 632.4m，设地下二层，基坑挖深 8.05m。基坑安全等级二级，基坑环境保护等级为二级。具体挖深信息详见表 4–5。

表 4–5　　　　　　　　　　　开挖信息

分区	底板顶标高（m）	板厚（m）	垫层厚（m）	坑底标高（m）	开挖深度（m）
C1/C5/C7	−4.00	1.70	0.15	−5.85	5.35
C6/C9	−3.25	1.40	0.15	−4.80	4.30
C3	−2.95	0.35	0.15	3.45	2.95
C2/C8	−7.80	1.70	0.15	−9.65	9.15
二层地下车库	−7.80/−7.90	0.60	0.15	−8.55/−8.65	8.05/8.15
局部深坑	局部深坑落深 0.90 ～ 3.15m				

1）采用双排桩门架结合前撑式注浆钢管支撑新工艺方案

前撑式注浆钢管撑新工艺本身可跟随围护桩施工进行流水作业，其养护期在冠梁养护期之内，且不需要卸土开槽，没有内支撑、立柱及立柱桩等复杂结构，有效地缩短了工期，另一方面注浆钢管撑采用岛式开挖，没有了内支撑和立柱等障碍，可以加快土方开挖速度，进一步缩短工期。

安全性方面，围护结构采用双排桩门架式结构，在环境较为复杂的东侧和西侧变电站位置，后排桩改为灌注桩，加强围护措施，设计时充分考虑周边环境要求，对周边环境多次实地踏勘，摸清各建构筑物位置和变形要求等，并通过注浆钢管撑新工艺研发的计算软件计算，围护体变形和稳定性满足规范要求。

最终设计方案东西两侧采用两排 $3\phi850@1200$ 三轴搅拌桩有效桩长 19.2m，内插 $700\times300H$ 型钢，为隔一插一，前后排间距 6m。内支撑采用注浆钢管斜撑工艺，钢管采用 $\phi377\times10$ 钢管，单根长度 27m，本项目二层地下室区域采用双排桩门架结合前撑式注浆钢管支撑方案的典型剖面见图 4-11。

2）采用双气囊注浆技术

针对较厚的淤泥质土层不能提供满足设计要求的注浆钢管撑承载力的问题，有针对性的对淤泥层位置增强注浆效果。

采用特制双气囊注浆技术控制注浆深度及位置，减少注浆量的同时，可以实现任意位置的定点定深施工，做到了精确注浆，针对软弱地层和特定需要加固的部位进行注浆加固，保证在淤泥质土层中的注浆量满足提高承载力的要求。

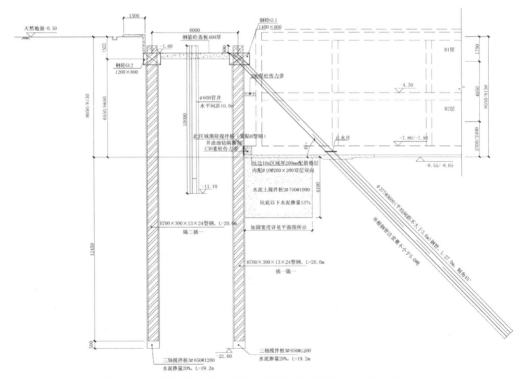

图 4-11　双排桩门架结合前撑式注浆钢管支撑方案典型剖面图

3）采用约束式注浆技术。

针对钢管本身直径较小，注浆后浆液位置不固定，跑浆漏浆严重，导致注浆钢管撑无法在土层中形成较大的侧壁面积，无法提供足够的摩擦侧阻力的问题，提出了约束式注浆技术。采用约束式注浆技术，将水泥浆有效约束在钢管周围，形成连续的扩大头加固体，增加注浆钢管撑与土体之间的摩擦力，有效地提高了注浆钢管撑的承载力。

现场开挖照片见图 4-12。

4.3.4 静载荷试验结果

当加载量达到极限承载力 600kN 时，各钢管撑最大变形量分别为 5.09mm、4.96mm、5.30mm，满足承载力和变形要求，见图 4-13。

图 4-12 现场开挖照片

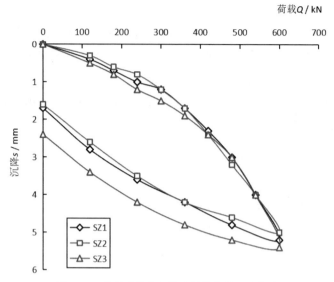

图 4-13　前撑式注浆钢管支撑静载荷试验曲线

4.3.5　监测数据

在基坑开挖期间对基坑周边环境和围护体进行了全程第三方监测，监测结果显示：

（1）坑顶、周边围墙最大水平位移为 2.85cm，该点位于西侧变压器位置，东侧靠近小区最大位移为 1.8cm，位于东侧 C2 号楼位置外侧围墙；

（2）周边最大沉降量为西侧 1.62cm，东侧 1.24cm；

（3）周边管线道路最大沉降量为西侧 1.17cm，东侧 0.88cm；

（4）测斜最大变形量：西侧变压器北侧 CX13 最大 1.60cm，东侧中段 CX05最大 1.49cm。

以上监测数据均未达到报警值，见表 4-6。

表 4-6　　　　　　　　　　　　　　　监测数据

序号	孔号	本次最大位移			累计最大位移		备注
		最大值（mm）	深度（m）	变化速率（mm/d）	最大值（mm）	深度（m）	
1 泰建	CX01	−4.50	−2.0	−0.17	−7.06	−2.0	
2 泰建	CX02	/	/	/	/	/	

续表

序号	孔号	本次最大位移			累计最大位移		备注
		最大值（mm）	深度（m）	变化速率（mm/d）	最大值（mm）	深度（m）	
3 泰建	CX03	/	/	/	−8.75	0.0	回填土方
4 泰建	CX04	−0.26	−4.0	−0.04	−13.02	−4.0	
5 泰建	CX05	−0.54	−5.0	−0.07	−14.88	−4.0	
6 金都	CX06	−0.36	−5.0	−0.05	−12.15	−4.0	
7 金都	CX07	−0.53	−5.0	−0.07	−10.42	−3.0	
8 金都	CX08	−0.33	−4.0	−0.04	−11.19	−3.0	
9 金都	CX09	−0.32	−4.0	−0.04	−7.62	0.0	
10 金都	CX10	−0.66	−5.0	−0.08	−7.32	−1.0	
11 金都	CX11	−0.75	−4.0	−0.09	−12.30	−2.0	
12 金都	CX12	−0.26	−4.0	−0.03	−14.32	−4.0	
13 金都	CX13	−0.27	−5.0	−0.03	−16.04	−4.0	
14 泰建	CX14	−0.28	−4.0	−0.04	−13.66	−3.0	

注：1. "−"表示向基坑内位移，"+"表示向基坑外位移。

2. 报警值：日报警值连续三天 >4mm/d，累计值 30mm（A 区）/45mm（C 区）。

4.3.6 项目总结

本项目是自稳基坑支护组合技术新工艺设计施工一体化的又一个典型项目，将设计和施工有机融合，将理论应用于实践，并从实践中得到经验，利用经验指导理论改进，实现了产、研一体化的良性循环。

上海长凯岩土工程有限公司在本项目实施过程中研发并应用了双气囊锁定注浆位置的定位注浆技术，在减少注浆量的同时，可以实现任意位置的定点定深施工，做到了精准注浆，针对软弱地层和特定需要加固的部位进行注浆加固，提高了注浆钢管撑的承载力。研发并应用了约束式注浆技术，将水泥浆有效约束在钢管周围，形成连续的扩大头加固体，增加注浆钢管撑与土体之间的摩擦力，有效地提高了注浆钢管撑的承载力。

4.4 上海三林社区01-06地块动迁安置房项目

4.4.1 工程概况及特点

本工程位于上海市浦东新区，上南路以东，尚博路以北（临近中环线），由3栋21层高层住宅、1栋20层高层住宅、6栋19层高层住宅、2栋18层高层住宅、1栋3层配套公建、1栋4层配套物业管理用房、1栋垃圾房、4栋电力配套用房组成。

本次围护主要针对场地内的01-06地块的1#地库和2#地库。1#地库开挖深度5.60m，基坑开挖面积约45 350m²，总周长955m；2#地库挖深5.60m，基坑开挖面积约4070m²，总周长267m。局部深坑超挖深度1.50～3.00m不等，见图4-14。

图4-14　本案地理位置

4.4.2 工程及水文地质情况

4.4.2.1 工程地质情况

场地地貌单元属长江三角洲入海口东南前缘的滨海平原。场地内旧建筑已经拆除，建筑垃圾留置原地。拟建场地地势较平坦，一般地面标高 3.23 ~ 5.18m。

1）土层

本次勘察所揭露的 70.5m 深度范围内的地层均属第四纪全新世和晚更新世沉积土层，主要由黏性土、粉性土及砂土组成，包括①$_1$层杂填土、①$_2$层浜土、②层粉质黏土、③$_1$层淤泥质粉质黏土、③$_2$层黏质粉土、③$_3$层淤泥质粉质黏土、④层淤泥质黏土、⑤$_1$层黏土、⑤$_{2-1}$层黏质粉土、⑤$_2$夹层粉质黏土夹粉性土、⑤$_{2-2}$层黏质粉土等，见图 4-15。

本工程场地地质条件具有如下特点：

①$_1$层填土，由大量建筑垃圾、生活垃圾与黏性土组成，局部有 0.2 ~ 0.5m 的素填土。围护结构施工前应做好必要的清障工作，确保基坑围护结构顺利施工，保证围护桩施工质量。

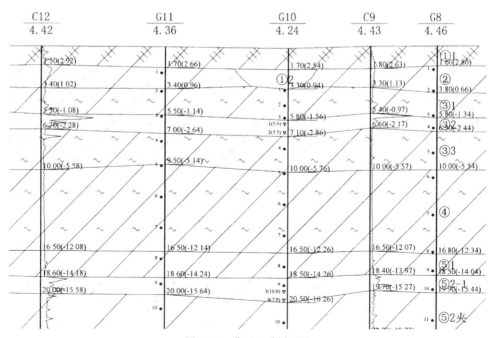

图 4-15 典型地质剖面图

② 层灰色粉质黏土，可塑~软塑状态，为中等压缩性土层，静探 p_s 平均值为 0.76MPa。

③₁ 层灰色淤泥质粉质黏土，流塑状态，局部夹有薄层粉性土，高等压缩性，静探 p_s 平均值为 0.53MPa。第③₂ 层灰色黏质粉土，稍密~中密，局部夹有薄层粉性土，中等压缩性，静探 p_s 平均值为 1.35MPa。第③₃ 层灰色粉质黏土，流塑状态，高等压缩性，静探 p_s 平均值为 0.52MPa。

④ 层灰色淤泥质黏土，流塑状态，高等压缩性。

地库底部位于③₁ 层淤泥质粉质黏土，③₁ 层为软弱黏性土，开挖时易产生蠕变、剪切破坏等现象。基坑底面以上有较厚填土，宜适当加大围护桩插入深度，确保基坑安全性。住宅地库底部位于第②₃ 层砂质粉土，土性较好，但渗透系数较大，该层土在水头差的作用下易产生流砂或管涌现象，应采取必要的降水、止水措施，适当加大止水帷幕长度，确保隔断②3 砂质粉土。

2）不良地质

1# 基坑南侧轮廓线处有两处暗浜分布，一般深度 2.5 ~ 3.3m，一般宽度 20m 左右。

2# 地下车库西侧轮廓线大钻孔勘察发现有暗浜分布，暗浜深度 3.3 ~ 3.7m，暗浜长度 >50m。除场地东南区域表部为素填土外，其余场地表部均为杂填土，最大厚度达 3.3m，含大量建筑垃圾、工业废料等，也是不利地质条件，桩基或基坑围护结构施工前应进行换填处理。

4.4.2.2 水文条件

对本工程基础设计和基坑施工有直接影响的为浅部土层的潜水，其补给来源主要为大气降水与地表迳流。潜水位埋深随季节、气候、降水量、地表水、潮汐等因素而有所变化。本次勘察期间，实测地下水静止水位埋深在 1.30 ~ 2.90m 之间，标高为 1.80 ~ 2.80m。

场地浅部③₂ 层黏质粉土普遍分布，一般厚度 0.6 ~ 2.9m，透水性较强。场地北侧局部紧邻三林北港，场地地下水通过③₂ 层黏质粉土与河水具有直接补排关系。

上海地区地下水高水位埋深为 0.5m，低水位埋深为 1.5m，基坑围护设计时水位按地面下 0.5m 考虑，设计施工时须做好必要的止水、排水措施，避免地表水流入基坑内部。

4.4.3　基坑围护设计方案

4.4.3.1　项目难点

1）场地地层特点

基坑坑底位于③₁层淤泥质粉质黏土，该层土力学性质较差，不利于基坑的变形控制。

2）周边环境特点

基坑工程主要保护对象有场地东侧的上海东方医院和上南兰庭苑（6层、7层居民楼，根据业主提供信息，采用桩基础）、西侧上南路、加油站及地下管线、西北角的兆隆花苑（6层，天然基础）、动迁区域的3层建筑物（框架结构）。基坑围护设计和施工应注意对邻近建筑物、市政道路和地下管线的保护，加强监测，做到信息化施工。

3）施工工期紧

业主对工期要求高，总包挖土工期节点紧张。局部空间狭小，北侧及西侧施工距离建筑物及加油站仅3～4m，施工难度大。另外周围环境有医院、居民住宅，早晚施工时间受限。基坑方案选型，设计、施工均需考虑相关因素。

4.4.3.2　围护方案简介

根据本基坑开挖深度、地下室平面形状、周边环境条件、场地工程地质条件以及上海地区类似基坑设计经验，同时考虑造价、工期、变形、施工方便性等方面因素，本工程基坑围护方案如下：

根据总包施工安排，全部围护施工完毕后，先开挖1#基坑，待1#基坑地下结构出±0.00后再开挖2#基坑。

1）1#地库

1#地库的角部区域采用排桩+一道混凝土支撑（1-1/1b-1b剖面），本工程场地条件有限，混凝土支撑结合布置栈桥。

基坑东侧，考虑对东侧居民楼的保护和东方医院填土较高（超载较大），角部区域以外采用双排灌注桩+内抛注浆钢管支撑（2-2剖面），内抛注浆钢管采用377′10螺旋钢管平均间距4.5m，长度21m，注浆量4t，角度45°。

基坑南侧是空地，周边环境条件相对简单，角撑以外区域采用SMW工法桩+内抛注浆钢管支撑（4a-4a剖面）。

基坑西侧，靠近市政道路和加油站，角撑以外区域采用灌注桩结合三轴搅拌桩止水帷幕＋内抛注浆钢管支撑（4-4 剖面）。

基坑西北角，靠近兆隆花苑（天然基础，6 层），且对应基坑阳角位置，环境复杂，变形控制要求高。该区域采用双排灌注桩＋内抛注浆钢管支撑，同时坑内裙边加固（2a-2a 剖面）。

基坑北侧，靠近食品批发市场的 3 层建筑物，施工空间有限，围护形式采用灌注桩结合三轴止水＋常规斜抛撑（3-3 剖面）。若施工空间过于狭小，必要时围护体系采用止水帷幕内套打灌注桩。

1# 基坑开挖面积大，周边环境复杂，水平支撑区域，待地下结构顶板及其传力带形成并达到强度后拆撑，减少拆撑工况变形；双排桩＋内抛注浆钢管区域，应分段开挖，及时浇筑坑边配筋垫层，同时双排桩间降水，减少土压力；北侧斜抛撑区域，应采取有效措施确保坑边留土稳定。

2）2# 地库

2# 地库开挖面积较小，形状较规则，围护形式可采用灌注桩结合三轴止水＋一道钢支撑（5-5/5a-5a 剖面）。

项目开挖图片见图 4-16。

图 4-16　现场开挖照片

4.4.4 静载荷试验结果

由业主单位委托的检测单位实施的静载试验检测显示，单桩承载力极限值达到 560kN ～ 640kN（软土中，18m 长度的 273 钢管），较常规注浆方法承载力提高近 2 倍。检测数据见表 4–7，曲线见图 4–17。

表 4-7　　　　　　　　　　　静载试验结果统计表

桩号	休止期（天）	实际最大加载量（kN）	桩顶最大变形量（mm）	残余变形量（mm）	回弹率（%）
30#	18	640	31.34	20.51	32.4
89#	21	560	30.23	21.90	27.6
93#	20	640	30.70	22.56	26.5

4.4.5 监测数据

从基坑开挖到底板浇筑完成，基坑测斜最大约 19mm，基坑北侧测斜最大值仅 10mm，远小于规范要求的报警值 0.7%H 和 0.3%H 的要求，现场开挖效果好，分别见表 4–8 和图 4–18。

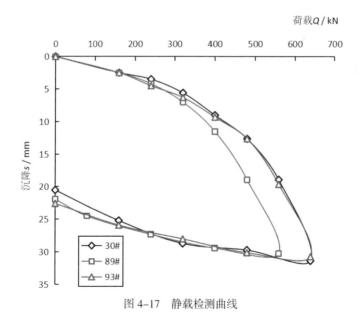

图 4-17　静载检测曲线

表 4-8　　　　　　　　　　基坑监测数据汇总表

区域	围护形式	测斜点	测斜最大累计值（mm）	对应工况
基坑东侧	双排灌注桩 + 前撑式注浆钢管支撑	CX7	19.02	底板浇筑完成
基坑南侧	SMW 工法桩 + 前撑式注浆钢管支撑	CX4	16.20	底板浇筑完成
基坑西侧	单排灌注桩 + 前撑式注浆钢管支撑	CX14	10.08	底板浇筑完成
基坑北侧	单排 / 双排灌注桩 + 前撑式注浆钢管支撑	CX12	10.01	底板浇筑完成

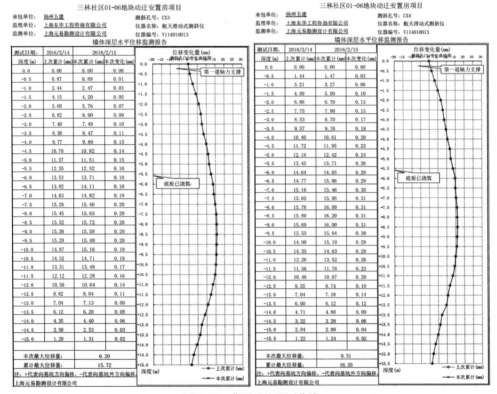

图 4-18　典型基坑监测曲线

4.4.6　项目总结

本项目结合周边环境保护要求，场地空间，后续出土要求、开发建设顺序等，因地制宜，组合使用了多形式的基坑围护结构。多形式基坑围护结构的组合使用，兼顾基坑安全性、经济性和施工可行性，保障了项目的安全、成本、工期等。

本项目灵活使用了前撑式注浆钢管支撑方案，并在实施过程中改进及完善了约束式注浆工艺。从基坑开挖到底板浇筑完成，基坑测斜最大约 19mm，基坑北侧测斜最大值仅 10mm，远小于规范要求的报警值 0.7%H 和 0.3%H 的要求，现场开挖效果好，见图 4-19。

因环境保护要求较高，该项目原方案为常规水平支撑方案，但常规水平支撑方案方案造价近 2200 万元，成本远超预算，同时施工涉及大面积支撑、立柱、立柱桩等的施工，施工场地、施工管理均存在较大困难，围护施工及后期土方开挖施工工期很长，项目工期亦不能满足。

经我们优化后，组合使用多形式的基坑围护结构，特别是采用我们专利技术自稳式基坑支护组合技术中的前撑式注浆钢管支撑方案，很好地解决了相关问题，该方案造价 1700 万元，较原常规方案节省 500 万元，见图 4-20。

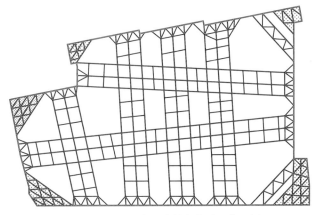

图 4-19　项目原水平支撑方案平面布置图

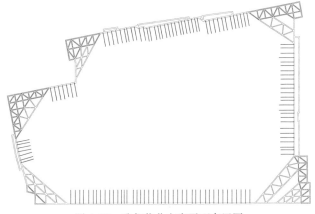

图 4-20　我们优化方案平面布置图

采用此方案,项目施工机械设备、人员、材料占用少,施工内容少,施工空间灵活,工期短,同时可实现敞开式开挖土方,无支撑施工、养护和拆除工况,无换撑工序,多方面节省施工工期。最终工期节省超过60d。该项目综合效益显著,得到各方好评。

4.5 上海力波啤酒厂转型项目

4.5.1 工程概况及特点

本工程位于上海市闵行区,益梅路以南,虹梅南路以西地块,本项目用地面积71 940.80m²,建筑面积280 852.00m²。基坑总面积约64 500m²,分为四期建设,一期工程基坑挖开挖面积25 500m²,基坑周长约680m,开挖深度9.70m;二、三期基坑面积开挖约28 000m²,基坑周长约824m,地下一层区域开挖深度6.00～7.35m,地下二层区域开挖深度9.70～11.95m;四期基坑面积开挖约11 000m²,基坑周长约450m,开挖深度6.00m。

本工程场地位置及分区示意见图4-21。

根据业主开发进度,本工程按照一期基坑→四期基坑→二期、三期基坑的开发顺序进行,设计要求前一分期基础底板完成后方可开挖后一分期土方。

图4-21 本工程场地位置及分期示意图

根据上海市工程建设规范《基坑工程技术标准》（DG/TJ 08-61-2018）中的第 3.0.1 条，本工程基坑安全等级见表 4-9。

表 4-9　　　　　　　　　　　　　　基坑安全等级

分期	挖深（m）	安全等级
一期	9.70	二级
二期、三期	6.00	三级
	7.35/9.70/11.95	二级
四期	6.00	三级

4.5.2　周边环境概况

本工程位于闵行区梅陇镇虹梅南路 379 号，虹梅南路西侧，北潮港北侧，梅陇港东侧，益梅路南侧，周边环境概况如下。

1）基坑东侧

用地红线：基坑边线与该侧用地红线的最近距离约 4.1m。

建（构）筑物：红线外为场地空地，空地上空有 220kV 高压线走廊带，高压线净高 25.8m，本工程基坑边线距离高压线塔最近约 20.2m，据调查，此高压线塔基础形式为独立基础，埋深 1.8m。

2）基坑南侧

用地红线：基坑边线与该侧基地红线的最近距离约 4.0m。

北潮港：基坑边线距离河道蓝线约 8.3m，河边为砌石驳岸，河宽约 18.0m，水面标高 2.50～2.80m，汛期最高水位约 3.60m，河岸边 4m 左右为绿化带。

3）基坑西侧

用地红线：基坑边线与该侧用地红线的最近距离约 11.1m。

梅陇港：基坑边线距离河道蓝线约 11.1m，河边为砌石驳岸，河宽约 18.5m，水面标高 2.50～2.80m，汛期最高水位约 3.60m。

4）基坑北侧

用地红线：基坑边线与该侧用地红线的最近距离 4.1～8.6m。

建筑物：北侧靠东部区域分布有一幢 3 层天然地基建筑物，目前当作宾馆使用，基坑边线距其最近距离 4.4～9.2m。

益梅路：红线外为益梅路，道路宽约 8.0m，车流量一般，道路下方分布有多条市政管线，具体分布情况见表 4-10。基坑围护设计时须考虑对该侧道路及管线的保护。

表 4-10　　　　　　　　　　　　基坑北侧管线分布情况

位置	管线类别	与基坑边线最近距离（m）
基坑北侧	供电 100 1 孔	3.2
	雨水管 ϕ500	11.3
	路灯 100 1 孔	18.6
	电信电缆 12 孔	20.1
	信息 17 孔	20.8
	雨水 ϕ150	17.8
	上水 ϕ300	20.1
	雨水 ϕ600	21.9

本次基坑围护设计中应重点保护的对象为：

基坑北侧 3 层宾馆、益梅路及下方管线、西侧及南侧河道驳岸。

4.5.3 工程及水文地质情况

4.5.3.1 工程地质情况

拟建场地地貌类型属上海的滨海平原类型，拟建场地勘察期间老建筑物多已拆除，场地残留大量建筑垃圾。各勘探孔经测量，孔口标高为 3.54 ～ 4.98m 之间，场地按整平实测自然地面绝对标高 +4.50m 考虑。

基坑开挖影响深度范围内场地分层主要有以下特点：

①层杂色、灰黄色填土：为近代人工填土（Q_{34}），层厚 0.9 ～ 4.1m，该层分布于拟建场地地表。

②$_1$层灰黄色黏土：为第四系全新世滨海～河口沉积物（Q_{34}）。层厚 0.6 ～ 2.2m，层顶面埋深 1.2 ～～ 2.4m，该层在拟建场地厚填土区缺失，是荷载较轻建筑物可利用的天然地基持力层。

③$_{1-1}$层灰色淤泥质黏土：为第四系全新世滨海～浅海沉积物（Q_{24}）。层厚 0.7 ～～ 8.5m，层顶面埋深 2.7 ～ -3.8m。全场均有分布，层位较为稳定。

③$_{1t}$层灰色黏质粉土：为第四系全新世滨海～浅海沉积物（Q_{24}）。层厚 0.2 ～ 1.7m，层顶面埋深 4.0 ～～ 6.3m。该层呈夹层状分布于第③$_{1-1}$层，层位不连续。

③$_{1-2}$层灰色淤泥质粉质黏土：为第四系全新世滨海～浅海沉积物（Q_{24}）。层厚 2.9～4.4m，层顶面埋深 10.4～～11.8m。全场均有分布，层位较为稳定。

⑤$_{2-1}$层灰色粉质黏土与黏质粉土互层：为第四系全新世滨海、沼泽沉积物（Q_{14}）。层厚 3.7～5.7m，层顶面埋深 14.1～15.3m。全场均有分布，层位较为稳定。

第⑤$_{2-2}$层灰色粉砂：为第四系全新世滨海、沼泽沉积物（Q_{14}）。层厚 2.6～～5.4m，层顶面埋深 18.8～～21.0m。全场均有分布，层位较为稳定。

⑤$_3$层灰色粉质黏土：为第四系全新世溺谷沉积物（Q_{14}）。层厚 1.4～～8.1m，层顶面埋深 22.6～24.8m。全场均有分布，层顶分布较为稳定，层底有起伏。

工程典型地质剖面及静力触探曲线详见图 4-22、图 4-23。

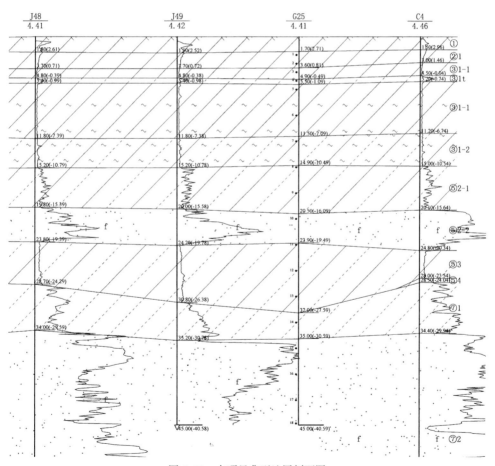

图 4-22　本项目典型地层剖面图

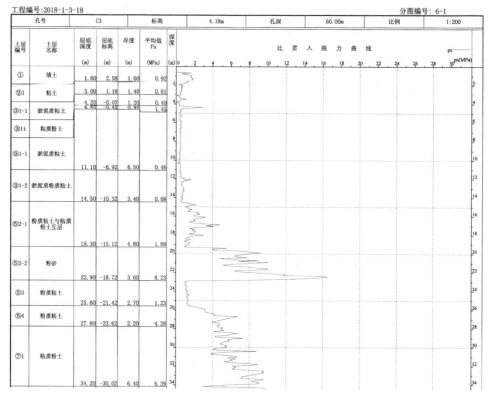

孔号	C3		标高		4.18m	孔深		60.00m	比例		1:200

图 4-23 工程典型静力触探曲线

表中数据：
① 填土 1.60 2.58 1.60 0.92
②1 粘土 3.00 1.18 1.40 0.61
4.20 -0.02 1.20 0.40
③1-1 淤泥质粘土 4.60 -0.42 0.40 1.45
③1t 粘质粉土
③1-1 淤泥质粘土 11.10 -6.92 6.50 0.46
③1-2 淤泥质粉质粘土 14.50 -10.32 3.40 0.68
⑤2-1 粉质粘土与粘质粉土互层 19.30 -15.12 4.80 1.89
⑤2-2 粉砂 22.90 -18.72 3.60 8.23
⑤3 粉质粘土 25.60 -21.42 2.70 1.23
⑤4 粉质粘土 27.80 -23.62 2.20 4.28
⑦1 粘质粉土 34.20 -30.02 6.40 6.39

4.5.3.2 水文条件

1）潜水

该拟建场地浅部土层中的地下水属于潜水类型，其水位动态变化主要受控于大气降水、地面蒸发及地表水系等，丰水期水位较高，枯水期水位较低。根据勘察资料，实测取土孔中的地下水稳定水位埋深在 0.50 ～ 2.35m 之间，相应标高为 2.23 ～ 3.46m。本次基坑围护设计取地下水位埋深 0.5m 进行设计。

2）微承压水

根据规范及上海地区已有工程的长期水位观测资料，微承压水水位低于潜水位，年呈周期性变化，微承压水水位埋深变化幅度一般在 3.0 ～ 11.0m。

拟建场地⑤2-2 层为微承压含水层，呈周期性变化，水位埋深 3 ～ 11m，实测该层承压水埋深为 3.50 ～ 3.62m，⑤2-2 层中微承压含水层层顶最浅埋深约 18.5m，承压水水位埋深取 3.50m；⑤2-1 层为粉质黏土与黏质粉土互层，考虑到越流，⑤$_{2-1}$层中微承压含水层层顶最浅埋深约 14.2m，承压水水位埋深取 3.50m，根据计算，地下两层大面挖深即需要考虑⑤$_{2-1}$、⑤$_{2-2}$层承压水突涌问题。故设计采用三轴搅拌桩将⑤$_2$层砂性土隔断，并设置减压井进行卸压处理。

4.5.4 基坑围护设计方案

4.5.4.1 项目难点

1）基坑规模巨大、开挖深度较深

一期工程基坑挖开挖面积 25 500m^2，基坑周长约 680m，基坑开挖深度 9.70m；二、三期基坑面积开挖约 28 000m^2，基坑周长约 824m，地下一层区域开挖深度 6.00～7.35m，地下二层区域开挖深度 9.70～11.95m；四期基坑面积开挖约 11 000m^2，基坑周长约 450m，开挖深度 6.00m。基坑规模较大，开挖较深，地下一层与二层交错布置，设计难度大。

2）基坑周边环境较为复杂

基坑北侧有 3 层建筑物须保护，北侧道路上分布有大量管线，基坑施工和开挖须保护好周边管线和道路的安全。同时在基坑开挖过程中应加强监测，以防基坑开挖对其产生不利影响。基坑西侧及南侧临近河道，需采取可靠措施保护驳岸；另外，基坑围护须采取恰当的隔水措施，防止河水溢流入基坑等风险。

3）工程地质特点

基坑开挖范围涉及地层主要有①层填土、②$_1$层黏土和③$_{1-1}$层淤泥质黏土，坑底为③$_{1-1}$层淤泥质黏土，均为流塑状软土，厚度近 15m，开挖时易产生蠕变变形等，基坑风险较高。同时基坑开挖面下分布有深厚的⑤$_2$层砂性土，基坑存在突涌风险，设计须采取必要的措施，确保基坑安全。

4.5.4.2 围护方案简介

1）一期基坑（先行施工）

基坑东侧及南侧一般区域：采用双排 ϕ900 灌注桩 + 前撑注浆钢管斜撑的围护形式，前撑注浆钢管采用中 ϕ377×10 钢管，长度 27m，平均间距约 3.6m。

基坑东南角：采用双排 ϕ900 灌注桩 + 两道混凝土支撑围护形式。

基坑西侧及南侧一般区域：采用卸土 + 重力坝的围护形式。

一期基坑围护支撑平面布置图见图 4-24，各典型剖面见图 4-25、图 4-26。

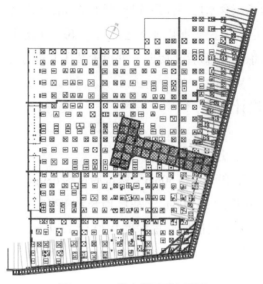

图 4-24　一期支撑平面布置图

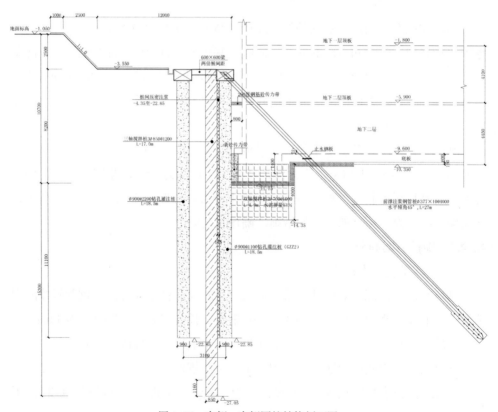

图 4-25　东侧、南侧围护结构剖面图

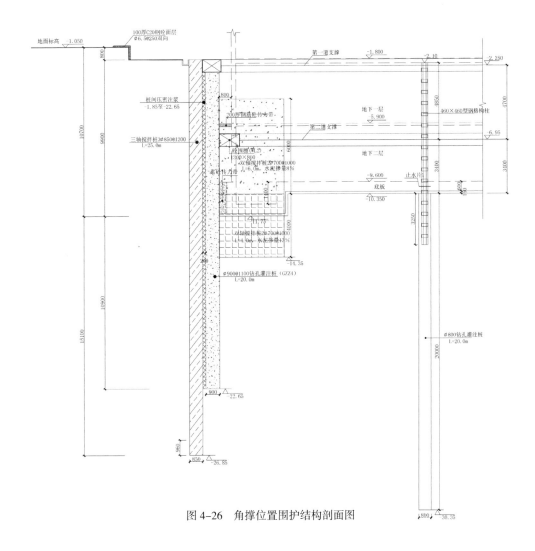

图 4-26　角撑位置围护结构剖面图

2）二～四期基坑

西侧地下二层区域：采用双排 ϕ900 灌注桩＋前撑注浆钢管斜撑的围护形式，具体做法同一期基坑；

北侧地下二层区域（临近 3 层房屋）：采用 ϕ900 灌注桩＋两道混凝土支撑围护形式。

地下一层一般区域：采用 ϕ700 灌注桩＋前撑注浆钢管斜撑的围护形式。前撑注浆钢管采用 ϕ325×10 钢管，长度 24m，平均间距约 3.6m。

地下一层角部区域：采用 ϕ700 灌注桩＋混凝土角撑围护形式。

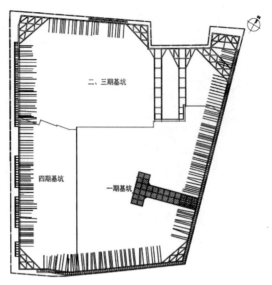

图 4-27　基坑支撑总平面布置图

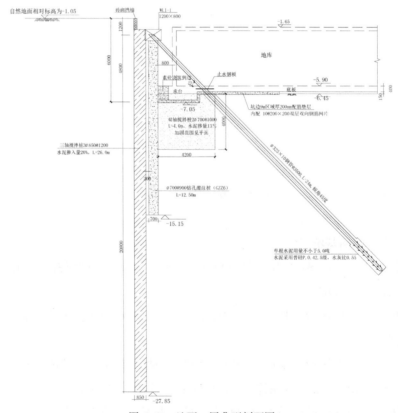

图 4-28　地下一层典型剖面图

基坑围护支撑总平面布置图见图4-27，典型剖面见图4-28。

4.5.5 静载荷试验结果

项目采用改进式的约束式注浆工艺，单桩承载力极限值不少于1200kN。为验证改进工艺注浆效果，设计要求基坑正式开挖前，对前撑钢管桩极限承载力进行检测。

本工程中 $\phi 377 \times 10$ 钢管承载力检测结果见表4-11，检测照片及典型荷载–沉降（$Q\text{--}s$）曲线见图4-29、图4-30。

表 4-11　　　　　　　　　　　单桩承载力检测结果

试桩编号	试验最大加载量（kN）	最大位移量（mm）	残余位移量（mm）	极限承载力（kN）
QC9	1200	12.43	8.41	≥ 1200
QC10	1440	14.40	4.08	≥ 1320
QC11	1200	15.35	4.09	≥ 1200

由上述检测结果可知，3根前撑注浆钢管桩承载力检测结果均不少于1200kN，最大值可达1320kN，满足设计要求。

图 4-29　承载力检测照片

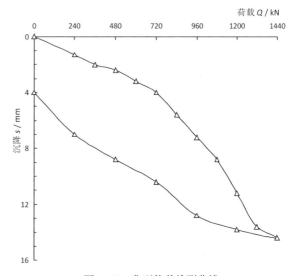

图 4-30　典型静载检测曲线

4.5.6 监测数据

基坑施工过程中，围护墙侧向变形曲线见图4-31、图4-32。

根据本工程监测报告，地下二层基坑最大侧向位移约为44mm，地下一层基坑最大侧向位移约为18mm。北侧房屋最大沉降约18mm，西侧河道驳岸最大变形约15mm。基坑施工对周边环境的影响安全可控。

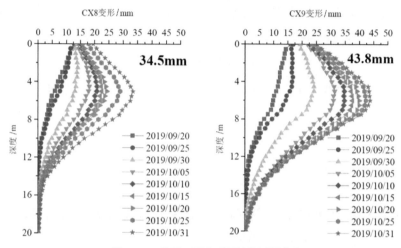

图4-31　地下二层典型围护桩测斜曲线

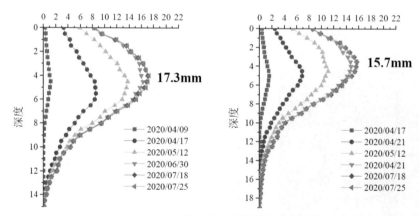

图4-32　地下一层典型围护桩测斜曲线

4.5.7 项目总结

本工程基坑面积巨大，周边环境及地质条件均较为复杂。建设单位要求整个基坑整体施工，采用常规设计方案无法满足要求。最终设计采用了自稳式基坑支护结构技术在内的多种基坑围护结构组合。在基坑角部采用角撑、北侧3层房屋位置设置对撑，其余区域均采用自稳式基坑支护结构技术。多种基坑围护结构组合使用，兼顾了基坑安全性、经济性和施工工期。

本项目为自稳式基坑支护结构技术首次在挖深10m的软土深大基坑中应用项目，检测结果表明，注浆钢管桩单桩承载力极限值可达到1320kN，创造了我们前撑式注浆钢管桩承载力检测新纪录，为项目的安全实施提供了可靠保证。

经建设单位测算，本工程采用新工艺方案后，围护造价约6500万元，较常规方案节省近2700万元，节省比例近30%。由于施工工序简单，施工空间灵活，土方开挖方便，最终节约施工工期120d以上。

本项目为目前自稳式基坑支护结构技术实施的最大示范工程，示范带动效应显著，为软土地区基坑设计、施工提供了一个良好的范例。

第5章 基础施工常见问题及对策

任何的设计和优化措施,最终都需要有良好的施工质量作支撑。因此,施工质量的控制是工程中最重要的环节之一。

5.1 钻孔灌注桩常见问题及对策

5.1.1 断桩

断桩是指灌注不连贯,混凝土产生中断,桩基整体性受到破坏。断桩是桩基工程施工过程中最为严重的质量事故之一。

5.1.1.1 主要原因

1)导管操作不当

浇筑混凝土时,导管的操作很重要。初次灌注混凝土时,若导管距孔底太远,初灌量没有埋住导管,会导致断桩。灌注中提升导管失误,将导管拔出了孔内混凝土面,重新插入续灌往往不能有效地将浮浆上返,形成分界面使桩身分段,也会形成断桩。如果导管插入混凝土中的深度较大,供应混凝土间隔时间较长,且混凝土和易性稍差,极易发生"堵管"从而导致断桩。导管埋深过大,混凝土的出口压力不够,甚至引起出料困难,施工速度缓慢,使得灌注过程导管内的混凝土无法正常返浆,时间过长管口下部混凝土出现初凝也会导致断桩。

2)混凝土浇筑时间过长

混凝土浇筑时间过长,上部混凝土已接近初凝,形成硬壳,而且随时间增长,泥浆中残渣将不断沉淀,从而加厚了聚积在混凝土表面的沉淀物,造成混凝土浇筑困难而堵管,容易形成断桩。

3)不良地质

在流砂、砂砾、高液限土层中灌注混凝土过程中发生大量坍孔,坍落物可能会使混凝土中断形成断桩。

4）意外事故

因机械故障或停电等原因造成混凝供应中断，造成施工不能连续进行，使导管中已灌注的混凝土凝固，无法继续灌注而形成断桩。

5.1.1.2 防治措施

控制导管底端距孔底高度，导管底端距孔底高度依据桩径、隔水阀种类及大小而定，最高不大于 0.5m。

必须严格按照规程用规定的测深锤测量孔内混凝土表面高度，并认真核对，保证提升导管不出现失误。

导管埋入混凝土面的深度以 2～4m 为宜，在灌注过程中，导管应勤提勤拆。每隔 15min 将导管上下活动几次。在混凝土灌注过程中，还要始终控制好导管内混凝土表面至泥浆面的高度，灌注时孔内混凝土应均匀缓慢上升、泥浆无剧烈翻滚。

在灌注混凝土的施工中，确保混凝土浇筑的连续性。每盘混凝土时间间隔应不大于 0.5h，若有一定的时间间隔，每隔 10min 在小范围内上下活动导管 2～3 次，延长混凝土的初凝时间。

施工前要充分了解勘察和钻孔资料，掌握工程地质条件，科学选择施工方法和工艺，确保混凝土灌注质量。对于地质情况较差场地的施工，施工单位应认真组织施工，高度重视因流砂等不良地质现象导致的孔壁严重坍塌，采取增大泥浆相对密度等措施来避免这类事故。

5.1.2 缩径

桩缩径将导致桩的截面变小，桩基承载力降低，混凝土钢筋保护层变薄，有的甚至裸露，钢筋锈蚀严重，形成很大的工程隐患。

5.1.2.1 主要原因

1）不良地质条件

缩径常在饱和性黏土、淤泥质黏土，特别是处于流塑性状态的土层中发生。由于此类土层含水高、塑性大，钻进成孔时，土层在应力释放过程中，缓慢发生变形，导致孔径变小而造成缩径现象。在砂层或富水层中灌注时如果停钻时间太长，孔内泥浆在自重作用下失水，水向砂层渗透，泥则附着于孔壁，越积越厚而加厚了泥皮，也会导致孔径缩小。

2）钻头质量不佳

钻头严重磨损亦能导致缩径。

5.1.2.2　防治措施

在含水高、塑性大的软土中要在施工前精心安排，在条件允许的前提下，尽量加快成孔的速度，以减少孔壁变形的时间。在钻孔施工过程中，使用与孔径一致的探孔器，随时检查成孔的变化情况，如果发现异常，使用钻机重新进行扫孔。钻孔完成后，经检查无缩径质量问题，应立即安装钢筋笼，并快速浇筑混凝土，缩短灌注的时间差，这样可以有效地减少孔径变形程度。必要时可增大泥浆比重，维护孔壁稳定性。

钻孔前检查钻头质量，钻头磨损严重或硬度达不到要求应进行更换。

5.1.3　斜桩

现行的施工规范规定，桩孔的倾斜度应 ≤ 1%H（H 为桩的深度）。桩倾斜使桩在竖直方向上的承载力有所降低，施工过程中必须加以重视，严格控制斜桩的产生。

5.1.3.1　主要原因

1）钻机倾斜

钻机底座安置水平程度不够或工作时地面产生不均匀沉陷，钻机倾斜。

2）不良地质情况

钻孔中遇较大的孤石或探头石，钻杆偏向一侧。在有倾斜度的软硬地层交界处或岩面倾斜处钻进，钻头因受到的阻力不均匀，而产生偏移使桩孔倾斜。钻孔工程中发生孔壁坍塌，钻头偏向一方。钻孔中地基出现单侧沉降、地层中侧向土质不同、钻进中遇到坚硬地质等都容易产生斜桩。

5.1.3.2　防治措施

安装钻机时要使转盘、底座处于水平并平稳，保证在钻进时不产生位移和沉降。起重滑轮缘、固定钻杆的卡孔和护筒中心三者应在一条竖线上，并应经常检查校正。

钻孔中遇有较大的孤石、探头石，或发生孔钻头摆动偏向一侧时，冲击钻成孔的应回填片石、卵石冲平后再钻进，回转钻成孔的则在偏斜处吊住钻头上下反复扫孔，使钻孔正直。在有倾斜的软、硬地层钻进时，应吊着钻杆控制进尺，低速钻进。发现钻孔偏斜时，应采用回填材料回填到偏斜处，待沉积密实后再继续钻进。穿过倾斜岩层过程中，应采用自重较大的复合式牙轮钻、冲击钻，以慢速钻孔。因孔内横向地层软硬不均匀而产生的斜孔，这种情况调整起来比较困难。可以尝试使用在斜孔位置加注混凝土的方法，用混凝土填充软弱部位，硬化后使其能均匀下钻。

5.1.4　扩径

扩径是指桩身部分位置直径超过设计值，扩径通常不会影响桩基承载力，但是会导致混凝土材料的浪费。

5.1.4.1　主要原因

1）泥浆达不到要求

泥浆相对密度低，形成的泥皮强度低，泥皮无法稳定孔壁，孔内液面正压力不足，孔壁坍塌。另外在灌注时孔内泥浆面下降，造成孔内外压力失稳，孔壁坍塌。

2）钻孔速度过快

在松软砂层或其他不良土质情况下，由于钻孔进尺太快，引起坍孔。

3）护筒埋设不合理

护筒埋深不够，护筒下端孔口漏水形成坍塌，有时还会引起孔口附近地面下沉，扩展成较大坍孔。此外，护筒外周回填土和接缝不密实，漏水、漏浆，以致孔内液面高度不够或孔内出现承压水，减低孔壁的静水压力，容易造成坍孔。

4）操作不当

清孔后停顿时间过久、吊钢筋骨架时碰撞孔壁或者导管倾斜碰撞孔警等都容易导致坍孔。另外，钻孔时钻头摆动幅度太大容易造成坍孔，尤其在长桩情况下由于钻管刚度不够易发生。

5）不稳定地层

不稳定地层主要指地层中存在较厚杂填土或过厚的砂层。

5.1.4.2　防治措施

钻孔灌注桩钻进过程中如发现排出的泥浆中不断冒出气泡，或孔内泥浆突然漏失，即是孔壁塌陷的迹象。孔壁塌陷的主要原因是土质松散，发生孔壁塌陷时，首先要保持孔内水位，并适当加大泥浆密度以稳孔护壁。值得注意的是泥浆相对密度高固然起到护壁的作用，同时会引起钻孔壁泥皮厚度增大，使得混凝土与土体间的侧向摩擦力大大降低，因此泥浆密度一定要适宜。如果孔壁塌陷严重，应立即回填黏土，待孔壁稳定后再重新钻进。使用冲击钻机成孔时，并应及时排出钻渣，添加黏土造浆。掏渣后应及时补充水，钻孔通过砂砾等强透水层，要避免孔内水流失，使孔内水头高度不致过低。

钻进过程中要根据地质情况控制好钻进速度，在松散粉砂土或流砂中钻进时，应采用低速度，使用较大密度、黏度、胶体率的泥浆，并应经常捞取渣样判断土质变化，及时调整钻进速度。用冲击钻机成孔时，遇到坚硬石质时应适当加大冲程，可以填入片石或卵石，反复冲击，以增强护壁。如果发生孔内坍塌时，应判明坍塌位置并分析原因。坍孔不严重时，可回填砂和黏土混合物到坍孔处以上，采取措施后继续钻进。坍孔严重时，应使用砂和黏土混合物全部回填，待回填物沉积密实后再行钻进。必要时在钻孔过程中采用正、反循环交替使用，不同地层采用不同方法钻进。

护筒周围用黏土填封密实，不宜使护筒内水位过低。发生钻孔漏浆、护筒内水头不能保持或孔口坍塌时，可立即拆除护筒，将护筒周围回填夯实，加长护筒并重新埋设后再钻进。

严格按照施工规范进行施工，各道工序保证高质量，这是防止桩孔坍塌的重要措施。严格掌握成孔和灌注的时间差，清孔后应抓紧时间浇灌混凝土、防止软土地层释放应力，保证在地层发生蠕变前完成灌注混凝土。吊钢筋骨架时避免碰撞孔壁，防止导管倾斜碰撞孔壁，钻孔时钻头不能摆动。

对于杂填土地层，当杂填土比较薄时，可以将其直接挖除，用钢护筒进行护壁。当杂填土比较厚时，通过调整钻探工艺来防止塌孔。砂层塌孔的主要原因是泥浆水头压力过小，当泥浆水头压力大于地下水头压力2m水柱，即可保持孔壁稳定。当泥浆水头压力差过小时，通过提高孔口高度等措施，提高泥浆的水头压力，保持孔壁稳定，也可以选用优质泥浆的方法来解决。

5.1.5 沉渣过厚

桩端沉渣过厚是由于清渣不够彻底所造成的。钻孔灌注桩施工中，由于钻孔清渣是以施工用的泥浆作为清洗介质，不可能将沉渣完全排出。旋挖灌注桩中，旋挖钻头的结构形式也决定了其难以将沉渣清理干净。同时二次清渣与桩身混凝土首斗灌注有时间差，孔内泥浆部分沉渣继续沉淀于孔底，形成桩底沉渣。沉渣不符合要求会使桩的承载力和变形能力受到很大程度的削弱，施工过程中须严格控制。

5.1.5.1　主要原因

1）清孔不到位

灌注混凝土之前，孔底清渣不彻底。若清孔后等待灌注时间长，因泥浆比重大、沉淀较快，容易形成沉渣。

2）初灌量不足

混凝土下落时的重力动势能使其冲出导管后夹带沉渣向上返流，这一过程要求有足够的初灌量以便混凝土具有较大动势能沉渣返流，初灌量不足便不能使沉渣返流。

3）桩端后注浆不到位

桩端后注浆是处理沉渣的重要手段，桩端后注浆能够对桩侧泥皮和桩底沉渣进行有效的加固，从而改善持力层受力状态和荷载传递性能，大大提高灌注桩的承载力。但若不严格控制注浆量、水灰比、注浆压力、注浆速率等关键参数，则往往达不到良好的效果。

5.1.5.2　防治措施

用抽渣筒掏孔底沉渣时应边抽边加水，保持一定的水头高度。抽渣后，用一根水管插到孔底注水，使水流从孔口溢出。在溢水过程中，孔内的泥浆密度逐渐降低，达到所要求的标准后停止。此法适用于冲抓、冲击成孔的各类土质的摩擦桩。当桩长较大，下钢筋笼时间较长时，应在下完钢筋笼后，再检查沉渣量，如沉渣量超过规范要求，应进行二次清孔，清孔完成后立即灌注水下混凝土。

正循环旋转钻孔在终孔后，停止进尺，保持泥浆正常循环，以中速压入符合规定标准的泥浆，把孔内密度大的泥浆换出，使含砂率逐步减少，最后换成纯净的稠泥浆，这种泥浆短时间不会沉淀，使孔底沉渣在允许的范围内。

注浆应采用二次注浆方式，第一次注入70%水泥浆，间隔2～3h后注入30%水泥浆。水泥浆水灰比0.5～0.6，注浆速率不宜超过50L/min。

5.2 预制桩常见问题及对策

5.2.1 断桩

5.2.1.1 主要原因

1）挤土效应

预应力管桩属于挤土桩，会产生挤压拉应力，当拉应力大于混凝土抗拉强度时，桩体产生环向裂缝。

2）基坑盲目开挖

基坑盲目开挖易出现断桩事故。

3）桩身质量不合格

预制预应力管桩桩身质量不可靠会出现断桩现象，例如：由于静压法施工中的夹持力较大，管壁厚不够很容易把桩夹碎。管桩的外径尺寸偏差会导致应力集中在夹钳夹持部位，致使该处产生纵裂、环裂、或破损。管桩有效预应力损失过大或桩身强度偏低也会出现断桩。

4）接桩及焊缝的质量问题

长桩一般由多节管桩连接，管桩施工主要采用硫磺接桩法或焊接接桩法，硫磺胶结不良或节间焊接质量差容易导致断桩，影响结构完整性。

5）桩架加载重心与桩中心不一致

桩架平面加压的堆载（包括桩架自重和附加堆载）不均匀，其重心与桩中心不一致会产生偏心力，当压到极限荷载时桩架可能被抬起并向重的部位倾斜，桩架就要发生轻微的晃动或移动。这种晃动或移动将使压桩力对桩管产生弯矩，当这个弯矩超过桩管的抗裂弯矩，就会导致桩身断裂。

6）盲目加大压桩力强行沉桩

碰到硬夹隔层时压桩用力过猛，管桩抗弯能力不强，往往容易折断。对于打入式基桩施工，锤击次数过多容易造成桩顶的疲劳破坏，同时使桩顶部位受到很大冲击力。在桩身某段混凝土强度不够或桩制作时施加预应力不足的情况下很容易将桩身打裂。

5.2.1.2 防治措施

1）减少挤土效应

（1）从设计角度进行控制。桩平面排列宜采用疏桩基础。对桩平面布局进行适当调整，即采用长桩和加大桩距的方法来降低布桩的密度，以减小桩对土体的挤压体积，尽量减小桩挤土所产生的能量。

（2）从施工方面进行控制。对桩距较密等重点部位，桩在静压施工前采取预先引孔的方式，将桩长的1/3孔内的土体取走，然后将桩压入空腔体内，可以有效地预防挤土效应。在压桩过程中，严格控制压桩的速率，在应力影响区域内，一台桩机每天成桩控制在5～10根范围内。对建筑范围内压桩顺序进行综合平面安排，合理安排打桩线路，尽量减小后入土桩对相邻桩的影响。在静压桩的场地外边界，开挖2m左右的深沟，在沟内填砂或者其他松散材料，以减少地表面的位移效果。应根据邻近建筑的结构情况、地质条件、桩距大小、桩的密集程度、桩的规格及入土深度等综合考虑打桩顺序。桩施工宜自中间向两边或四周方向进行，同一场地桩的入土深度不一样时，宜先深后浅，多种规格的桩时，宜先大后小、先长后短。

2）合理安排基坑开挖

土方施工单位在施工前要制定详细的针对性开挖方案，将开挖基坑划分为几个区段，对基坑土方开挖深度进行严格控制，按规范要求进行分层开挖，基坑底部还留设了0.2～0.4m高的预留段，最后由人工挖至基底。对于开挖出的土方要求随挖随运，不允许堆放在基坑边上。

3）检查桩身质量

严格验收管桩成品，测量管桩的外径、壁厚、桩身长度、桩身弯曲度等有关尺寸，管桩外径尺寸要符合规定。

4）确保接桩及焊缝质量

对于硫磺胶泥接桩，加强对硫磺胶泥配料的熬制质量的管理，防止熬制时间不够或熬制温度过高而降低胶泥质量。严格控制硫磺胶泥的浇注温度、浇注时间和浇注后的冷固时间，确保连接质量。

采用焊接接桩时，每层焊渣必须清理干净，保证焊缝连续饱满，自然冷却后方能允许继续压下去，焊完后的暂停时间宜在3min以上。严禁用水冷却，防止高温的焊缝遇水变脆而被压坏。

5）保证桩机水平和管桩垂直

指挥人员在压进前须校正桩身垂直度，严格调整管桩垂直度，桩机的重心（包括自重和压重）应当尽量与压桩中心一致，避免桩机加压到最大压力可能被拾起而产生倾斜，对长相医州斯桩身产生不良影响。

6）采用合理施工工艺

遇到硬夹隔层时要注意压桩，压桩抬架时也要轻抬轻放，对于打入式基桩施工应遵循重锤低打原则。

5.2.2 斜桩

5.2.2.1 主要原因

1）沉桩倾斜

在地面下不远处有障碍物的情况下，沉桩时可能会出现桩倾斜，严重时致使桩身破裂损坏。

2）桩机与场地承载力不匹配

压桩机吨位过大，对施工现场承载力的要求将提高，特别在新填、耕植土及积水浸过的场地施工时桩底盘边缘将发生塑性变形，容易发生陷机，造成桩位偏移大，桩身垂直度难以控制。

5.2.2.2 防治措施

1）桩身垂直度的控制

用两台经纬仪从垂直的两个方向校正桩身垂直度，在压桩过程中要经常检查。

2）清理地面下障碍物

在压桩施工前将地面下旧建筑物基础、块石等障碍物彻底清理干净，使桩身达到垂直度要求。

3）桩机的选择

要根据工程的地质资料和设计的单桩承载力要求合理选择压桩机，要验算桩机压力是否超过场地承载力，如超过场地承载力可考虑在桩机周边铺设钢板，扩大桩机分布面积，减少单位面积压力。此外，还可采取表面换土或者注浆加固等措施。值得注意压桩机吨位并不是越小越好。如果压桩机吨位过小，可能出现桩压不下去的情况，因而无法达到设计承载力要求。

5.2.3 桩端不符合要求

5.2.3.1 主要原因

（1）挤土效应引起桩上浮。

（2）终压标准未达到设计要求。

（3）桩施工间歇时间过长。

桩靴碰到了局部的较厚夹层或其他硬层，中断沉桩，若延续时间过长，沉桩阻力增加，很可能无法继续沉桩，使桩无法沉到设计深度。

5.2.3.2 防治措施

（1）减少挤土效应。

（2）控制终压标准。

除保证桩长及桩靴入持力层深度满足设计要求外，还要控制压桩动阻力。

（3）缩短桩施工间歇时间，避免在砂土、碎石土等硬土层中停桩。

5.3 天然地基常见问题及对策

5.3.1 地基承载力不满足要求

5.3.1.1 主要原因

（1）地基土遇水浸泡，导致承载力降低。

（2）地层不均匀，局部承载力不满足。

（3）地基土换填或处理后，压实度不满足设计要求。

5.3.1.2 防治措施

（1）做好地基土防水措施，避免降雨导致地基土浸水。有降水工程的项目，要在结构满足抗浮要求后再停止降水，避免提前停止降水导致结构上浮、地基浸水。

（2）地基开挖后进行验槽，若有不满足要求的，须采用换填等措施进行处理。

（3）采用换填等措施进行处理时，须保证处理后的效果，对压实度等关键指标严格控制。

5.3.2　基础损坏

5.3.2.1　主要原因

（1）基础结构施工质量不满足要求。

（2）地基承载力不满足要求，产生不均匀沉降。

（3）结构受力超过设计要求。

5.3.2.2　防治措施

（1）严格控制底板厚度、混凝土强度、配筋面积等关键指标。

（2）通过验槽确定地基土是否满足设计要求，重视不均匀地层、软弱下卧层等不良地质条件的影响。

（3）严格控制使用荷载、地面堆载等使用或施工荷载，采取泄水减压等措施避免极端降雨下水浮力对结构的损害。

参考文献

[1] 顾宝和. 岩土工程典型案例述评 [M]. 北京：中国建筑工业出版社，2015.

[2] 顾国荣，张剑锋，桂业琨. 桩基优化设计与施工新技术 [M]. 北京：人民交通出版社，2011.

[3] 杨石飞. 岩土工程一体化咨询与实践 [M]. 北京：中国建筑工业出版社，2021.

[4] 朱奎. 桩基质量事故分析与对策 [M]. 北京：中国建筑工业出版社，2009.

[5] 高大钊. 岩土工程六十年琐忆 [M]. 北京：人民交通出版社，2022.

[6] 袁聚云，楼晓明，姚笑青，等. 基础工程设计原理 [M]. 北京：人民交通出版社 2011.

[7] 梁发云，曾朝杰，袁聚云，等. 高层建筑基础分析与设计 [M]. 北京：机械工业出版社，2021.

[8] 陈希哲. 地基事故与预防 [M]. 北京：清华大学出版社，1994.

[9] 中华人民共和国住房和城乡建设部. 建筑地基基础设计规范：GB 50007—2011[S]. 北京：中国建筑工业出版社，2012.

[10] 中华人民共和国住房和城乡建设部，中华人民共和国国家质量监督检验检疫总局. 建筑桩基技术规范：JGJ 94—2008[S]. 北京：中国建筑工业出版社，2008.

[11] 中华人民共和国住房和城乡建设部，中华人民共和国国家质量监督检验检疫总局. 建筑变形测量规范：JGJ 8—2016[S]. 北京：中国建筑工业出版社，2016.

[12] 中华人民共和国住房和城乡建设部，中华人民共和国国家质量监督检验检疫总局. 建筑基桩检测技术规范：JGJ 106–2014 [S]. 北京：中国建筑工业出版社，2014.